GEOFFROY DELORME

LEBEN UNTER REHEN

Wenn Sie, liebe Leserinnen und Leser, im Wald unterwegs sind, verlassen Sie bitte nicht den Weg. Sprechen und bewegen Sie sich normal, damit Sie für Rehe und andere Waldbewohner berechenbar bleiben. Versuchen Sie auch kein einsames Kitz zu »retten«, indem Sie es mitnehmen. Eine Rehgeiß versteckt ihr Junges zum Schutz vor Fressfeinden allein in der Vegetation.

GEOFFROY DELORME

LEBEN UNTER REHEN

SIEBEN JAHRE IN DER WILDNIS

Aus dem Französischen von
Barbara Neeb und Katharina Schmidt

Mit dreißig farbigen Abbildungen

MALIK

Mehr über unsere Autorinnen, Autoren und Bücher:
www.malik.de

Wenn Ihnen dieses Buch gefallen hat, schreiben Sie uns unter Nennung des Titels »Leben unter Rehen« an *empfehlungen@piper.de*, und wir empfehlen Ihnen gerne vergleichbare Bücher.

MIX
Papier | Fördert gute Waldnutzung
FSC® C083411

PRODUZIERT MIT VERANTWORTUNG

Erstmals im Taschenbuch
ISBN 978-3-492-40674-1
1. Auflage Mai 2025
2. Auflage Februar 2026

Titel der französischen Originalausgabe: »L'Homme-chevreuil. Sept ans de vie sauvage«

www.piper.de
Für einen direkten Kontakt und Fragen zum Produkt wenden Sie sich bitte an:
info@piper.de
Fachredaktion: Dr. Robert Hagen, Berlin
Umschlaggestaltung: Birgit Kohlhaas, kohlhaas-buchgestaltung.de
Umschlagabbildungen und Autorenfoto: Geoffroy Delorme
Fotos Innenklappen und Bildteil: Geoffroy Delorme (Klappe vorne: Daguet, Klappe hinten: Chévi)
Satz: Uhl + Massopust GmbH, Aalen
Gesetzt aus der Dante MT und der Biffo MT
Litho: Lorenz & Zeller, Inning am Ammersee
Einband: Naturkarton WIBALIN® NSB Fühlkarton®
Druck und Bindung: CPI books GmbH, Leck
Printed in the EU

Für Chévi, meinen besten Freund.
Du hast mich gelehrt, zu sehen, zu fühlen, zu lieben,
zu glauben, dass alles möglich sei,
und ebenso, ich selbst zu werden.

An Aurore

Natur ist alles, was man sieht,
alles, was man wünscht, alles, was man liebt,
alles, was man weiß, alles, was man glaubt,
alles, was man in sich selbst fühlt.

Sie ist schön für den, der sie sieht,
sie ist gut zu dem, der sie liebt,
sie ist gerecht, wenn man an sie glaubt
und wenn man sie in sich selbst respektiert.

Schau zum Himmel, er sieht auch dich,
umarme die Erde, sie liebt auch dich,
die Wahrheit ist das, woran du glaubst,
in der Natur bist du du selbst.

George Sand

Prolog

Mann oder Frau? Meine Augen haben längst die Fähigkeit verloren, solche Details auf eine Entfernung von mehr als dreißig Metern wahrzunehmen. Springt da etwa ein Tier neben ihm oder ihr herum? Nein, bitte nicht, bitte kein Hund!

Ich muss die beiden aufhalten, ehe sie meine Freunde in die Flucht schlagen.

Genau wie sie lege ich inzwischen ein ausgeprägtes Territorialverhalten an den Tag. Wer immer mein Revier betritt, wird als potenzielle Gefahr wahrgenommen. Ich habe dann das Gefühl, dass meine Privatsphäre verletzt wird. Mein »Territorium« hat einen Radius von fünf Kilometern. Sobald ich jemanden bemerke, folge ich ihm, spähe ihn aus, sammle Informationen. Wenn diese Person zu oft in mein Gebiet zurückkehrt, unternehme ich alles, um sie zu vertreiben.

Ich verlasse das Unterholz, fest entschlossen, den Eindringling aufzuhalten. Ein kräftiger, sehr süßlicher

Geruch nach Veilchen steigt mir aufdringlich in die Nase. Mein Spaziergänger muss also eine Frau sein. Während ich den schmalen Waldweg weitergehe, wird mir bewusst, dass ich seit Monaten kein Wort mehr mit einem Menschen gesprochen habe. Ich lebe jetzt seit sieben Jahren im Wald und kommuniziere ausschließlich mit Tieren. In den ersten Jahren bin ich noch zwischen der Menschenwelt und der Wildnis hin- und hergependelt, aber mit der Zeit habe ich dem, was man »Zivilisation« nennt, endgültig den Rücken gekehrt, um mich meiner wahren Familie anzuschließen: den Rehen.

Je weiter ich auf dem schmalen Waldweg vorwärtsgehe, desto mehr steigen auf einmal Gefühle in mir auf, von denen ich glaubte, ich hätte sie vollkommen aus meinem Leben gestrichen. Wie sehe ich aus? Was ist mit meinen Haaren? Sie haben schon seit Jahren keinen Kamm mehr gesehen und wurden immer nur »blind« mit einer kleinen Nähschere geschnitten. Zum Glück habe ich einen sehr spärlichen Bartwuchs. Und meine Kleidung? Meine Hose ist so dreckverkrustet, dass sie ganz von allein stehen könnte, aufrecht, wie eine Skulptur. Wenigstens ist sie heute trocken.

Zu Beginn meines Abenteuers habe ich mich immer mal wieder in einem kleinen Spiegel betrachtet, den ich in einer kleinen, runden Dose aufbewahrte, aber die Zeit, die Kälte, die Feuchtigkeit haben den Spiegel blind werden lassen, und so weiß ich, ehrlich gesagt, gar nicht mehr, wie ich aussehe.

Es ist also eine Frau. Ich muss höflich sein, um sie nicht zu verschrecken. *Aber Vorsicht, man kann nie wissen!* Womit soll ich beginnen? »Bonjour«, ja, »Guten Tag«, das ist gut. Nein, besser »Bonsoir«, »Guten Abend«. Denn der Tag geht schon zu Ende.

»Bonsoir …«

»Bonsoir, Monsieur.«

1

Schon als kleiner Junge, als ich in der Wärme des Unterrichtsraums der ersten Klasse die Grundlagen für mein zukünftiges Leben erfahre – ich lerne lesen, schreiben, rechnen und wie ich mich in der Gesellschaft zu verhalten habe –, lasse ich mich leicht ablenken und bewundere durch das Fenster die Erhabenheit der Wildnis. Ich beobachte die Spatzen, Rotkehlchen, Meisen, alle Tiere, die in meinem Blickfeld auftauchen, und ich beneide diese Tiere um das Glück, eine solche Freiheit genießen zu können. Ich dagegen bin in diesen Raum zusammen mit anderen Kindern eingesperrt, denen es hier offensichtlich gefällt, während ich mich schon mit meinen sechs Jahren nach dieser Freiheit sehne. Ich kann mir natürlich vorstellen, wie hart das Leben dort draußen sein muss, aber die Betrachtung dieses einfachen, heiteren, wenn auch gefährlichen Daseins lässt in mir ein erstes inneres Auflehnen gegen das Konzept eines Lebens aufkeimen, in das man mich meinem Gefühl nach pressen will. Dieses Gefühl hatte ich schon früh. Jeder Tag, den ich an diesem Fenster ganz hinten im Klassenzimmer verbringe, entfernt mich ein wenig mehr von den sogenannten gesellschaftlichen Werten, während die Wildnis mich so unweigerlich anzieht wie ein Magnet eine Kompassnadel.

Einige Monate nach Beginn des Schuljahrs lässt ein auf den ersten Blick banales Ereignis diesen Keim der Auflehnung weiterwachsen. Als ich eines Morgens in die Klasse komme, erfahre ich, dass ein Ausflug ins Schwimmbad ansteht. Da ich von Natur aus etwas ängstlich bin, befürchte ich das Schlimmste. Am Beckenrand erstarre ich. Ich stehe zum ersten Mal vor einer solchen Menge Wasser, und da ich noch nie in meinem Leben geschwommen bin, überkommt mich eine instinktive Furcht. Alle anderen Kinder scheinen sich wohlzufühlen, während ich völlig verkrampfe.

Die Schwimmlehrerin, eine rothaarige Frau mit einem langen, streng wirkenden Gesicht sagt mir, ich solle ins Wasser gehen. Ich weigere mich. Sie runzelt die Stirn und fordert mich in schärferem Ton auf, ins Becken zu springen. Ich weigere mich erneut. Plötzlich stürmt sie zackig auf mich zu, packt mich an der Hand und stößt mich mit Gewalt ins Becken. Zwangsläufig schlucke ich Wasser, und da ich nicht schwimmen kann, gehe ich zunächst unter. Während ich verzweifelt mit den Armen rudere, sehe ich, dass meine Peinigerin ins Wasser springt und in meine Richtung kommt. Panik überfällt mich, ich bin felsenfest davon überzeugt, dass sie mich umbringen will!

Mein Überlebensinstinkt treibt mich zu einer völlig unmöglichen Aktion. Wie ein kleiner Hund strample ich in die Mitte des Beckens und tauche unter dem Sicherheitsnetz durch, das mich vom Schwimmerbereich trennt, weil ich unbedingt auf die andere Seite gelangen will. Nachdem ich den Beckenrand dort erreicht habe, klettere ich die Leiter hoch und flüchte mich in die Umkleide. Ich streife rasch meine Hose und mein T-Shirt über.

Inzwischen ist auch meine Schwimmlehrerin aus dem Wasser gekommen und sucht mich überall. Das Platschen ihrer schweren Schritte auf dem nassen Boden zeigt mir an, dass sie den schmalen Gang zwischen den Kabinen entlangkommt. Ich habe mich in der dritten auf der linken Seite eingeschlossen. Sie öffnet die erste Tür, die anschließend laut zuknallt. Mein Herz schlägt mir bis zum Hals. Sie öffnet die zweite Tür, die ebenfalls geräuschvoll zufällt. Es ist schrecklich laut, und ich habe den Eindruck, dass sie jede Tür, vor der sie sich aufbaut, mit den Füßen eintritt.

In meiner Panik quetsche ich mich durch den Spalt unter den Zwischenwänden und dem Boden und robbe von einer Kabine in die nächste. Am Ende der Reihe nutze ich die paar Sekunden Vorsprung, in denen sie eine weitere Kabine inspiziert, um auf die andere Seite zu schlüpfen, und schlendere dann unauffällig zum Ausgang. Als ich endlich draußen bin, renne ich mit von

Tränen und Chlor verschleierten Augen die Straße entlang, ohne nach rechts oder links zu schauen, bis ein mir vertraut wirkender Mann mich aufhält, meine Hand nimmt und mich auffordert, mit ihm zu kommen. Es ist der Busfahrer. Er hat beobachtet, wie ich ganz allein aus dem Schwimmbad gerannt kam, und die Geistesgegenwart besessen, mir zu folgen. Schluchzend erkläre ich ihm, was passiert ist und warum ich auf keinen Fall ins Schwimmbad zurückwill. Seine Stimme und seine Worte beruhigen mich ein wenig.

Nachdem mein kleines Abenteuer nun beendet und die Schwimmlehrerin darüber informiert ist, wo ich gelandet bin, sitze ich schließlich ganz allein hinten im Bus, während meine Mitschüler, aber auch die Lehrer mich anstarren wie ein wildes, gefährliches Tier, das man im Auge behalten muss. Nach diesem Zwischenfall wird deshalb beschlossen, dass ich die Schule verlassen und zu Hause mit Unterstützung des Nationalen Instituts für Fernausbildung unterrichtet werden soll.

Nun sitze ich also allein in meinem Zimmer, isoliert von der Außenwelt, ohne Mitschüler oder Lehrer. Zum Glück finde ich im Haus eine große Bibliothek mit literarischen Schätzen vor (Nicolas Vanier, Jacques Cousteau, Dian Fossey, Jane Goodall etc.), in denen über die Natur und über das Leben in der Wildnis berichtet wird. Ich verschlinge ebenso alle Nachschlagewerke, in denen diese Themen kindgerecht aufbereitet sind. Eine wahre Goldgrube an wertvollen Informationen, die ich danach gleich in meinem Umfeld, in unserem Garten, anzuwenden versuche. Ein Apfelbaum, ein Kirschbaum, Berberitzenhecken, Zwergmispeln, Feuerdorn, einige Rosenstöcke, es gibt so viel rund ums Haus meiner Familie, um sich die Langeweile zu vertreiben. Mich um all diese Pflanzen zu kümmern wird bald die beste Möglichkeit, dem tristen Alltag zu entfliehen.

Eines Morgens entdecke ich, dass in der Hecke gegenüber von meinem Zimmer ein Paar Amseln sein Nest gebaut hat. In meinem Kinderhirn sehe ich mich sofort in der Pflicht: Ich muss sie beschützen! Wie ein Parkwächter drehe ich meine Runden an der Hecke, um die Katzen zu verjagen, die von der Witterung leichter Beute angelockt werden. Zu allen Tages- und Nachtzeiten, sobald die Aufmerksamkeit der Erwachsenen nachlässt, öffne ich mein Fenster und schlüpfe katzengleich leise nach draußen, um nachzuschauen, wie es meiner gefiederten Kleinfamilie geht. Je öfter sie mich sehen, desto mehr scheinen sie sich an mich zu gewöhnen. Ich gebe ihnen Futter, Brotkrumen, Regenwürmer oder Insekten, die ich auf einen Teller lege. Die Eltern picken das Futter auf und bringen es den Jungvögeln.

Mit jedem Tag gewinne ich mehr und mehr ihr Vertrauen. Inzwischen darf ich sogar meinen Kopf in die Hecke stecken und die piepsenden Babys aus zwanzig Zentimeter Entfernung betrachten. Als endlich der große Moment da ist, an dem sie das Nest zum ersten Mal verlassen sollen, kommt der Vater als Erster heraus. Die Kleinen hüpfen hinter ihm her und plumpsen ungeschickt auf den Boden. Die Mutter bildet die Nachhut. So drehen sie ihre Runden um die Hecke. Manchmal kommen sie auch zu mir. Ich habe das Gefühl, dass sie sich dem kleinen, neunjährigen Jungen, der ich mittlerweile bin, vorstellen wollen. Das Herz klopft mir bis zum Hals. Es ist mein erster Kontakt mit der freien Natur, und um ihn festzuhalten, mache ich ein Foto von den Vögelchen und schicke es meiner Fernlehrerin, Madame Krieger.

Bei jedem Spaziergang weite ich meine Erkundungen etwas aus. Hinter der Hecke ist ein Zaun, unter dem ein Loch gegraben wurde, wahrscheinlich waren es Füchse. Ich kann daher problemlos darunter hindurchschlüpfen und das angrenzende Feld auf der Suche nach weiteren Abenteuern durchstreifen. Die ersten Male, als ich in der vom Mond nur spärlich erleuchteten Nacht losziehe, wird mein Freiheitsdrang stets von Furcht dominiert und der Wissensdurst des kleinen Abenteurers von der Vorsicht des braven kleinen Jungen ausgebremst. Aber der unwiderstehliche Lockruf der Natur lässt bald das Pendel zur Seite des wilden Lebens ausschlagen. Und auf dieser neuen Spielwiese erwachen all meine Sinne.

Während ich mich auf meinen Weg konzentriere, erfasse ich die Topografie und die Beschaffenheit des Bodens. In jeder Nacht ersetzt der Tastsinn das Sehen, und mein Körper lernt das Gelände so gut kennen, dass ich mich selbst mit geschlossenen Augen zurechtfinde.

Hier haben sich ähnliche Gedächtnisprozesse in Gang gesetzt wie im Haus, wo man mitten in der stockfinsteren Nacht aufstehen kann und genau weiß, wo der Lichtschalter ist, nur dass ich dies nun in der freien Natur erlebe. Auch die Gerüche verändern sich. Brennnesseln riechen zum Beispiel in der Nacht viel intensiver. Selbst die Erde verströmt einen anderen Duft. Und wenn die feuchten Dünste des Tümpels von Petit Saint-Ouen in meine Nase dringen, weiß ich, dass mein Ausflug bald zu Ende ist. Denn wenn ich noch etwas weiter gehe, komme ich zum Haus des Försters. Und dahinter liegt der Wald, das Unbekannte. Die Ziegenmelker kreisen über mir, ihr Flug erzeugt ein merkwürdig schnurrendes Geräusch, rau und monoton. Ich habe keine Angst mehr, ich fühle mich wohl hier.

Tief in meinem Inneren ist ein instinktiver Freiheitsdrang verwurzelt, der mich antreibt auszubrechen, sobald sich mir die Gelegenheit dazu bietet. Und nur eine Regel scheint mir wert, respektiert zu werden: das Gesetz der Natur. Ich breche niemals einen Ast ab, rühre nicht einmal abgestorbenes Holz an. Ich denke mir auch immer ausgeklügeltere Rituale aus, die fast schon ans Absurde grenzen. So gehe ich an großen Bäumen niemals links vorbei, denn ich habe das unbestimmte Gefühl, dass ich weit mehr und bedeutsamere Dinge erlebe, wenn ich rechts an ihnen vorbeigehe. Auf diese Weise baue ich mir meine eigene Vorstellungswelt auf, meine eigene Spiritualität, meine Beziehung zur Natur, einerseits rational und faktenbasiert, andererseits von einem kindlich naiven Mystizismus geprägt.

Seit einiger Zeit kommt ein Fuchs in unseren Garten, um dort unter einem Baum mit buschiger Krone zu schlafen. An einem Winterabend folge ich ihm schließlich auf seinem Weg zurück über die Felder. Als ich am Forsthaus ankomme, sehe ich, wie er einfach weitertrottet. Nun ist es an der Zeit, den Sprung ins Unbekannte zu wagen. Hundert Meter weiter zeigt mir der junge Reineke Fuchs den Zugang zu seinem Bau. Ich habe mich noch nie so weit von meinem Zimmer entfernt.

Der Wind, der immer aus der gleichen Richtung weht, trägt alle Gerüche vom Feld mit sich. Die Lichtverhältnisse verändern sich, plötzlich ist es richtig dunkel. Auch die Geräusche verändern sich. Auf einmal umgeben mich unzählig viele neue Laute, denn dort in der Tiefe des Waldes ist das Leben. Ich wage mich etwa fünfzig Meter hinein, genau so weit, um den kleinen Adrenalinkick zu spüren, den das Geheimnis hervorruft, ehe ich umkehre. In Wirklichkeit gibt es hier nichts, wovor ich mich fürchten müsste. Die Gefahr kommt niemals aus dem Wald. Die Tiere wissen, dass man sich vielmehr vor dem Feld in Acht nehmen muss.

Der Wald ist so faszinierend und übt einen Zauber auf mich aus. Jede Nacht wage ich mich etwas weiter vor, immer ganz vorsichtig, um nichts zu überstürzen. Und eines Nachts stehe ich auf einmal Auge in Auge einem Hirsch gegenüber. Im Herbst habe ich sie oft röhren gehört, aber ich habe es nie gewagt, mich ihnen zu nähern. Ihr raues Brüllen mitten in der Nacht war doch zu einschüchternd für einen zehnjährigen Jungen. Auch bei dieser unerwarteten Begegnung stehe ich wie angewurzelt da. Dieser massige Körper kaum zehn Meter von mir entfernt, der Boden, der unter jedem seiner Schritte erbebt, ich fühle mich von der Kraft überwältigt, die von dieser Kreatur ausgeht. Mein Herzschlag muss einige Hundert Kilometer weit zu hören sein.

Plötzlich wendet sich der Hirsch mir zu und röhrt los. Die Hirschkühe in seiner Umgebung antworten mit einem etwas helleren Ton, aber immer noch sehr laut. Jeder Grunzlaut dieses Hirsches lässt meinen Brustkorb erbeben wie die Bassfrequenzen einer Lautsprecherbox. Schließlich dreht er ab. Ich kehre ebenfalls um, um ihm zu zeigen, dass ich nicht seinetwegen gekommen bin. Und so gehen wir auseinander wie zwei Lebewesen, die durch die verschlungenen Pfade des Waldes zusammengeführt wurden.

Als ich etwas später leise unter meine Decke schlüpfe, wird mir klar, dass dieser Hirsch mir die schönste Lektion meines noch kurzen Lebens erteilt hat: Tiere wollen mir nichts Böses. Ich möchte am liebsten sofort wieder dorthin zurückkehren, aber ich muss geduldig sein. Die Wildnis öffnet sich einem nicht auf den ersten Blick.

Von da an klettere ich aus dem Fenster meines Zimmers, sobald alles im Haus schläft, schlüpfe hinter die Amselhecke und unter dem Zaun hindurch und laufe durch das Feld der Ziegenmelker hin zum Helldunkel der großen Bäume und zum lebendigen Treiben der Tiere. Die Füchse, die mich als Erste hierhergeführt haben, bringen mich zu ihren Nachbarn, den Dachsen. Hoch über mir entdecke ich die Eulen und Uhus. Wenn es ein Tier im Wald gibt, das einem eine Gänsehaut bescheren kann, dann ist das zweifelsohne der Uhu. Ein lautloser Räuber, der vor nichts und niemandem Angst hat. Durch die andauernden leisen Geräusche, die den Wald erfüllen, hört man gar nicht, wie er heranfliegt, und wenn man seine Neugier geweckt hat, dann zögert er nicht, auch ganz nah zu kommen.

Als ich das erste Mal einem Uhu begegne, bin ich noch tief verstört von den dantesken Szenen aus dem Film *Jurassic Park*. Ohne dass ich es mitbekomme, lässt sich der Vogel etwa zwei Meter von mir entfernt auf einem Ast nieder. Plötzlich stößt er ohne Vorankündigung sein »Buho« aus. Ich mache einen Satz rückwärts, stolpere dabei über einen Baumstumpf, und auf einmal liege ich mit dem Hintern im Dreck und strecke mit weit aufgerissenen Augen alle viere von mir.

Das nächtliche Treiben im Wald ist aufregend. Zahlreiche Tiere, kleine wie große, verbringen den Hauptteil ihres aktiven Lebens in der Nacht. Einige dagegen scheinen sich niemals auszuruhen. Wie zum Beispiel die Eichhörnchen, die ich tagsüber in meinem Garten herumhuschen sehe und die dann auch in der Nacht überall herumlaufen. Wann finden sie eigentlich die Zeit zum

Schlafen? Diese Frage beschäftigt mich, bis ich meinen Irrtum begreife. Als ich in einem Buch mit vielen detaillierten Abbildungen über das Leben im Wald blättere, wird mir klar, dass die kleinen hyperaktiven Nager, die ich in der Nacht beobachte, nicht etwa Eichhörnchen sind, sondern Siebenschläfer. Ihr buschiger Schwanz hat mich in die Irre geführt.

All diese Erlebnisse in meiner Kindheit scheinen mir etwas sagen zu wollen, nämlich dass die Wildnis irgendwo da draußen auf mich wartet. Und sobald ich mich von der Bürde der menschlichen Zwänge befreit habe, wird der Wald da sein, um mich aufzunehmen. Ich glaube so sehr an diese Bestimmung, dass ich manchmal mit fest geballten Fäusten einschlafe und bete, dass ich mich in einen Fuchs verwandle, damit ich in aller Frühe, wenn ich das Fenster meines Zimmers öffne, dort hinausschlüpfen und hin zu dieser grenzenlosen Freiheit des Waldes traben kann, die meine Fantasie so anregt.

Die Realität ist weitaus weniger aufregend. Ich lebe fast vollkommen für mich allein, ohne Freunde oder Mitschüler, für mich gibt es auch keine Ferien oder Schulausflüge, und bis auf meine nächtlichen Streifzüge sitze ich an meinem Schreibtisch, um im Fernunterricht mit Lehrern zu lernen, die am anderen Ende von Frankreich leben, oder drehe mit meinem Fahrrad ein paar Runden im Garten. Bei den seltenen Gelegenheiten, bei denen ich mal vor die Tür darf, zum Beispiel zum Einkaufen, werde ich manchmal von den Händlern gefragt, wie denn das mit dem Fernunterricht läuft. Allen antworte ich, dass das genau zu mir passt, denn auch wenn ich tief im Inneren fühle, dass etwas daran nicht richtig ist, habe ich keine Vergleichsmöglichkeit mit anderen Kindern.

Aber ehrlich gesagt, wird dieses Leben, das man mir auferlegt hat, immer mehr zu einem psychischen Leidensweg. Deshalb beschließe ich, als ich sechzehn bin, dass ich nicht nur meine Nächte, sondern auch meine Tage im Wald verbringen möchte. Den Höhepunkt erreicht diese Rebellion am Tag der Abiturprüfung. Ich beende meine schulische Laufbahn, indem ich die Einladung zu dieser Prüfung in ein Maisfeld werfe.

In den Jahren davor habe ich ein starkes Interesse für naturalistische Zeichnungen entwickelt, weshalb ich gerne eine Ausbildung zum Grafiker machen möchte. Doch man verlangt von mir, ich solle Kurse in »Handelsaktivitäten und Handelskommunikation« belegen. Ich verstehe nicht einmal, was diese Worte bedeuten sollen. Schließlich willige ich um des lieben Friedens willen ein, wenigstens eine kaufmännische Grundausbildung zu absolvieren, da man mir zum Ausgleich einen Fernkurs in Fotografie zugesteht.

Meine Leidenschaft für die Tierwelt der Wildnis hält an, und ich habe die Absicht, irgendetwas daraus zu machen. Durch meine Streifzüge in den Wald wird mir bewusst, dass die Tiere meinen Geruch, meine unterschiedlichen Stimmungen und mein Verhalten erkennen. Sie akzeptieren mich in ihrem Umfeld, bis ich ein Teil der Kulisse werde. Dafür brauche ich viel Zeit, ich bleibe tagelang, ja ganze Wochen im Wald unter dem Vorwand, dass ich eine langwierige Fotoaufgabe zu erledigen habe. Wenn ich wieder nach Hause komme, erklärt man mir, dass das doch kein Beruf sei und dass ich von dieser Tätigkeit nicht leben könne. Aber das Geld ist für mich nicht das Wichtigste. Ich suche seelischen Halt. Wenn ich im Moment lebe, ganz nach dem Beispiel der Tiere des Waldes, fühle ich mich genau an meinem Platz innerhalb der Ordnung der Dinge. Die Tiere zeigen mir, dass ich, je mehr ich denke, umso mehr überall Gefahren lauern sehe. Die Probleme meiner Vergangenheit oder diejenigen, die mit der Ungewissheit, wie meine Zukunft aussieht, verbunden sind, sowie mein Wunsch, die Herrschaft über die Gegenwart zu behalten, ohne mich unterkriegen zu lassen, zermürben mich allmählich. Während das Beobachten der Natur, die mich umgibt, wenn ich die Wildnis ganz in mich aufsauge, meinen Geist auf tausenderlei Art weckt und ihn wacher und klarer macht.

Seit ein paar Monaten habe ich kein Zeitgefühl mehr, kein Gefühl mehr dafür, wie viele Stunden und Tage ich im Wald verbracht habe. Mein Leben ist intensiver geworden, und mich erfüllen immer mehr Freude, Staunen und Gelassenheit. Trotzdem verliere ich nicht den Sinn für die Realität. Um nicht in Armut zu versinken, mache ich für einige Lokalzeitungen ein paar Sportberichterstattungen mit Fotos, davon kann ich mir dann Kleidung und Lebensmittel kaufen.

Doch offensichtlich glaubt niemand an mich, und ich erfahre keinerlei moralische Unterstützung. Man will mich ködern, indem man mir beweist, dass das »Rudel« mich beschützen und ich allein nicht lange überleben würde. Aber je mehr man versucht, mich zu halten, desto mehr lockern sich die Bande. Und dann kommt es eines Tages zum Bruch. Meine Entscheidung steht fest, ich breche in den Wald auf. Eine Fabel von Jean de La Fontaine beschreibt ziemlich genau, was ich in diesem Moment fühle. Diese Fabel heißt »Der Wolf und der Hund« und geht folgendermaßen:

Ein Wolf war nichts als Haut und Knochen,
Die treuen Hunde waren schuld daran.
Wie er nun einst so matt des Wegs gekrochen,
Traf er die schönste, stärkste Dogge an,
Die sich vom Herrenhof verlaufen hatte.
Der Hund war solch ein fester, wohlgenährter Klotz,
Dass neben ihm der Wolf nur eine hagre Latte.
So gern der's auch getan, so schien's ihm leider Gotts
Höchst ungeraten, diesen Burschen anzuspringen,
Denn solch ein Gegner war so leicht nicht zu verschlingen.
So also sprach voll Demut unser Wolf ihn an
Mit Komplimenten über seine Wohlgestalt.
Da sprach der Hund: »Mein schöner Herr, liegt Euch
daran,
So fett zu sein wie ich, nun, so verlasst den Wald,
In dem nur arme Schlucker lungern.

Ihr lebt ja nur, um zu verhungern,
Habt Tag und Nacht nicht Ruh und nichts zu
schnabulieren;
Folgt mir, Ihr werdet ein vergnügtres Leben führen.«
Da sprach der Wolf: »Was hätte ich dafür zu leisten?«
Der Hund: »Fast nichts! Nur Leute zu verjagen,
Die Bettelsäcke oder Stöcke tragen,
Dem Hausgesind zu schmeicheln, und am meisten
Dem Herrn. Als Sold bekommt Ihr schöne Rester,
Hühner- und Taubenknochen – ja, mein Bester! –
Und manches Kosewörtchen obendrein.«
Der Wolf glaubt schon, im Paradies zu sein.
Er weint vor Glück und will den Hund begleiten.
Da sieht am Hundehals er eine Stell,
Wo abgeschabt erscheint das schöne Fell.
»Was ist das?«, fragt er. – »Nichts!« – »Wieso?« –
»Ach, Kleinigkeiten!« –
»Nun was denn?« – Drauf der Hund:
»Das Halsband meiner Kette rieb mich wund.« –
»Wie? Was? In Ketten dienet Ihr?
Lauft nicht, wohin Ihr wollt?« –
»Nicht immer. Doch was tut's?« – »Es tut so viel, dass mir
Die Lust vergeht nach Eurem schönen Sold.
Ich ging nicht mit um eine ganze Kuh!«
Und Meister Wolf hat sich getrollt
Und läuft noch immerzu.

2

Meine Expedition ins Reich des Waldes beginnt im Monat April, und ich beschließe, nach Möglichkeit nur das zu essen, was es dort gibt, und zwar omnivor mit Tendenz zum Vegetarischen. Ich kann mir nicht vorstellen, an irgendeinem Ort zu leben und mich dann von dessen wilden Bewohnern zu ernähren. Ich habe immer noch meine menschlichen Wertvorstellungen und daher Respekt vor den anderen. Obwohl mir bewusst ist, dass die Natur selbst voller Beutegreifer ist, die keine andere Wahl haben, als zu töten, um sich zu ernähren und zu überleben.

Damit ich im Wald etwas zu essen finde, muss ich mir vor allem ein Territorium schaffen, ein eigenes Gebiet, das mir Schutz und Nahrung bietet. Zunächst habe ich vor, mich an der Lebensweise der Eichhörnchen zu orientieren. Von dem Geld, das ich dank meiner Fotoaufträge zurücklegen konnte, kaufe ich Konservendosen, Trinkwasser und eine Reihe von Gerätschaften, die ich meiner Meinung nach in einer Umgebung brauchen könnte, die, ehrlich gesagt, eher feindlich ist. Ich verstecke alles zu Füßen eines Baumes in einem Wurzelflechtwerk, von dem ich annehme, dass nur ich von dessen Existenz weiß, und häufe Äste und totes Laub darüber. Doch schon einige Tage darauf entdecken Wildschweine meinen »Schatz« und machen sich darüber her. Alle Konservendosen haben sie – vermutlich mit ihren rasiermesserscharfen Eckzähnen – aufgeschlitzt! Mein gesamter Besitz verstreut, vernichtet, dahin. Nichts hält so einer Rotte stand, die nur noch einen Haufen Abfälle hinterlässt, wie um mir zu sagen: »Was glaubst du wohl, wo du hier bist, hm?«

Natürlich rege ich mich ein paar Minuten lang auf, ehe ich mich wieder beruhige. Die Natur hat eben ihre eigenen Methoden, uns auf unseren Platz zu verweisen, wenn es nötig ist. Von da an verberge ich meine spärlichen Habseligkeiten in alten Fallgruben, um sie vor gierigen Mäulern und neugierigen Blicken zu schützen. Diese Löcher, etwa achtzig Zentimeter breit und zwei Meter tief, dienten einst Wilderern zum Fangen von Füchsen und Dachsen. Ich muss nur die mörderischen Fallen am Boden entfernen und die Gruben oben mit starken Holzstämmen abdecken, damit niemand hineinfällt.

Die Episode mit den Wildschweinen macht mir allerdings bewusst, dass es eine unverhältnismäßige Anstrengung ist, Dinge im Laden zu kaufen und sie dann in meinem Fünfzig-Liter-Rucksack tief in den Wald hineinzuschleppen. Und wenn man in der freien Natur lebt, ist Anstrengung durchaus eine Größe, die man nicht vernachlässigen sollte. Tatsächlich besteht die effizienteste Überlebensstrategie darin, vor allem das zu essen, was ich in meiner direkten Umgebung vorfinde. Blätter von Brombeeren, Birken, Hainbuchen, Beeren, »Studentenfutter« in Form von Esskastanien, Bucheckern, Haselnüssen und anderen kleinen Nüssen, aber auch Wegerich, Löwenzahn, Ampferarten und eine Vielzahl anderer Pflanzen, die mehr oder weniger gut schmecken, aber besonders nährstoffreich sind. Ich beschließe, ab sofort nur noch zu Lebensmitteln zu greifen, die ich von außerhalb des Waldes mitgebracht habe, falls mir Mangelernährung droht. Wenn ich sie dann hervorhole, sind selbst die einfachsten Dosenravioli ein Festschmaus!

Es gibt noch eine zweite Quelle kulinarischer Freuden: die Nahrung, die die Jäger unter Bäumen auslegen, um Wildschweine anzufüttern. Her mit den Wassermelonen, Zucchini, Tomaten und anderem Obst und Gemüse! Und auch mit dem Brot, ungesalzen zwar, aber dennoch Brot! Auf die Idee, mich hier zu bedienen, komme ich, indem ich dem Beispiel der Tiere, der Wildschweine, Füchse, Dachse, folge. Sie kennen sich hier aus, zeigen mir, wie es geht. Und mit jedem weiteren Tag werde ich ihnen immer ähnlicher, immer wilder.

Unbewusst betreibe ich Verhaltensforschung und werde ganz allmählich zum Gast des Waldes. Die Wildschweine, Hirsche, Füchse, denen ich begegne, akzeptieren mich mehr und mehr in ihrem Territorium, bleiben aber auf Abstand. Nach einigen Monaten habe ich das Gefühl, dass ich mit der wunderbarsten Szenerie der Welt verschmolzen bin, dem Reich des Waldes. Und genau in dem Moment lerne ich ein rätselhaftes, faszinierendes Wesen kennen, das mir schlicht und ergreifend die Augen für die Wildnis öffnen wird: das Reh.

Eines Morgens, als ich am Rand eines Pfades ein paar Blätter sammle, um sie zu essen, läuft mir ein Reh über den Weg, das ich später Daguet nennen werde, und bleibt stehen. (*Daguet* ist der französische Ausdruck für Spießer, also einen jungen Rehbock, dessen Gehörn noch keine Gabelung aufweist.) Ganz langsam gehe ich in die Hocke. Ich bin fasziniert von seinen großen, schwarz glänzenden Augen. Er hebt den Kopf und richtet die Ohren in meine Richtung aus. Die weißen Haare an seinem Hinterteil sind gesträubt. Wir starren uns ein paar Minuten an, die mir wie Stunden vorkommen. Er schaut zur Seite, wie um mich aufzufordern, den Wald zusammen mit ihm zu entdecken. Mit großer Eleganz dreht er sich langsam um und verschwindet im Unterholz.

Offenbar wurde ich gerade von etwas berührt, das stärker ist als ich. Ich habe den Ruf des Waldes vernommen. Meine Beine sind wie gelähmt, und mein Atem geht schnell. Für mich ist nun die Zeit gekommen, die Welt der Menschen zu verlassen und unter den Rehen zu leben, um sie besser zu verstehen.

3

Ich esse von einem Brombeerbusch, der mir jede Menge kleine Blätter bietet, die zwar etwas fad im Geschmack, dafür aber sehr nahrhaft sind. Nach etwa einer Dreiviertelstunde »Salatblätterzupfen« entdecke ich Daguets freundliches Gesicht, das vor mir aus dem Dickicht herausragt. Anstatt gleich zu flüchten, wie es jedes andere Reh tun würde, entscheidet Daguet sich dafür, zu bleiben und mich zu beobachten. Ich sage mir, dass er schon seit einer Weile dort stehen muss, da ich nicht gesehen habe, wie er gekommen ist.

Einige Minuten später verlasse ich meinen Brombeerbusch, um mich ein wenig auszuruhen, und tue so, als würde ich Daguet gar nicht beachten. Er sieht mir hinterher, und danach nimmt der Tag seinen gewohnten Lauf. Am Abend nutze ich die Kühle der Dämmerung, um auf der Lichtung ein paar Blätter Schafgarbe zu pflücken und zu essen. Wieder treffe ich auf Daguet, der mir überallhin folgt, als wäre es das Selbstverständlichste auf der Welt.

Seine Neugier überrascht mich, er wirkt fest entschlossen, mehr über diesen Neuankömmling zu erfahren, der sich da selbst in sein Zuhause eingeladen hat. Und mit jedem Tag und mit jeder weiteren Begegnung in unserem gemeinsamen Revier wird unsere Beziehung stärker.

Heute versuche ich zur Abwechslung mal, ihm zu folgen. Während ein frischer Nordwind durch die noch blätterlosen Baumkronen weht, legt sich Daguet zum Wiederkäuen unter einen Baum. Vorsichtig nähere ich mich ihm und zupfe hier und dort ein paar Blätter von den Zweigen. Ich verstecke mich hinter jedem verfügbaren Baum, um nicht aufzufallen. Das mache ich mehrmals hintereinander – Daguet rührt sich nicht. Anscheinend habe ich inzwischen ein großartiges Talent im Anschleichen entwickelt. Es sei denn, er tut nur so, als würde er mich nicht sehen. Um das herauszufinden, komme ich links hinter dem letzten Baum hervor, hinter dem ich mich versteckt hatte, und wechsle auf einen Pfad mit freier Sicht, wo er mich nicht übersehen kann, dann nähere ich mich ihm vorsichtig und in halb gebückter Haltung. Er schaut mich ganz gelassen an. Ich fasse es nicht! Dieser Schelm hat die ganze Zeit mit mir gespielt und mich wie einen Idioten von Baum zu Baum hüpfen lassen. Als ich etwa zehn Meter entfernt bin, steht Daguet auf und streckt sich. Ich rühre mich nicht. Er beobachtet mich. Und so verbleiben wir eine gute halbe Stunde. Ein absolut magischer Moment. Seine bloße Gegenwart erfüllt mich. Ich habe das Gefühl von vollkommener Verbundenheit mit ihm und mit allen Dingen um uns herum.

Daguet hat mich in sein Umfeld aufgenommen, und ich bin der Erste, dem so ein Privileg gewährt wird. Mein Herz und meine Seele empfinden Frieden. Meine Gedanken stehen still. In diesem Augenblick wird mein gesamtes Sein nur von einem einzigen Gesetz beherrscht: Respekt. Nach einigen Minuten kommt mir jedoch ein beklemmender Gedanke: Hoffentlich stören uns keine anderen Menschen. Es wäre schrecklich, wenn er mich mit ihnen in Verbindung bringen würde.

Die amerikanischen Ureinwohner erzählen sich, wenn man jagen will, darf man nicht zu sehr an das Tier denken, weil es die Gedanken spüren und die Flucht ergreifen wird. Das erscheint mir absolut logisch. Gedanken verwandeln sich in Stimmungen und Stimmungen in Gerüche. Ich versuche daher, nur positive Gedanken zuzulassen in der Hoffnung, diesen stillschweigenden Dialog mit Daguet zu verlängern.

Irgendwann werden meine Beine taub, und ich habe keine Ahnung, was ich jetzt tun soll, als er sich schließlich in Bewegung setzt. Vorsichtig folge ich ihm in etwa zehn Meter Abstand, immer noch in gebückter Haltung. Seine Ohren sind nach mir ausgerichtet und registrieren jeden falschen Schritt. Das trockene Laub knirscht unter meinen Füßen, und er zuckt deshalb mehrmals zusammen. Dann entfernt er sich mit einigen Sprüngen, hält wieder an, dreht sich um und wartet auf mich. Ich finde das alles sehr aufregend. Erlebe ich doch gerade einen einzigartigen Moment mit einem Wildtier, das versucht, mich zu zähmen. Ich richte mich auf und stelle mir vor, wie viel Kraft es ihn kosten mag, seiner instinktiven Furcht vor einem Menschen zu widerstehen und nicht gleich mit Maximalgeschwindigkeit loszusprinten, weil sich diese ein Meter fünfundsiebzig große Masse vor ihm aufbaut.

Plötzlich ist in weiter Entfernung der Ruflaut eines Rehs zu hören, der wie das kurze Bellen eines Hundes klingt. Das ist bestimmt Sipointe, ein anderer Bock, dem ich regelmäßig begegne und den meine Anwesenheit ebenfalls zu beschäftigen scheint. Bei diesem Laut reagiert Daguet sofort und springt mit einer solchen Geschwindigkeit in seine Richtung los, dass ich auf einmal wie ein begossener Pudel völlig einsam mitten im Kastanienwäldchen herumstehe.

Wenn man sein Leben mit Rehen teilen will, dann muss man auf etliches verzichten. Ganz allgemein muss man sich von allen Codes des menschlichen Soziallebens verabschieden, zum Beispiel dass man Auf Wiedersehen sagt, wenn man geht. Außerdem muss man auf einige Gewohnheiten verzichten, wie zu bestimmten Zeiten zu essen oder in der Nacht zu schlafen. Mit Daguet entdecke ich die Vielfältigkeit des nächtlichen Lebens im Wald, und ich versuche, mich so weit wie möglich zu integrieren. Aber die Müdigkeit macht mich fertig! Ich würde gern einige Nächte durchschlafen, um mich zu erholen, doch ich werde viel zu oft geweckt, und dann habe ich

Schwierigkeiten, wieder einzuschlafen. Die Eulen rufen, die Füchse keckern, und besonders störend sind vor allem die Wildschweine, die nachts Randale machen – all diese Tiere machen verblüffend viel Krach. Von überallher kreischt, schreit, knurrt und raschelt es. Die jungen Wildschweine aus dem Vorjahreswurf stupsen mich spielerisch mit dem Rüssel an und sausen dann davon.

Aber der schlimmste Feind des Schlafs ist die Kälte. Mehrfach gerate ich in Unterkühlung. Und jedes Mal läuft es gleich ab: Ich schlafe ein, fange an zu träumen, und plötzlich schrecke ich völlig erstarrt hoch und möchte mich übergeben. Nach einigen Wochen führt der Schlafmangel bei mir zu Halluzinationen. Ich höre Stimmen, ich sehe Schatten, und manchmal habe ich auch das Gefühl, ich würde fliegen. Ehrlich gesagt, bin ich völlig durch den Wind! Meine Nerven liegen blank, meine Schultern hängen nach vorn, und mein Kopf scheint mindestens eine Tonne zu wiegen. Schlimmer noch, jetzt sehe ich auch noch alles verschwommen! Und ich beginne ernsthaft, das Ziel meines Abenteuers infrage zu stellen.

Mein Problem ist, dass ich mich niemals ausruhen kann. Tagsüber suche ich nach Nahrung und baue mir kleine Unterstände, um mich vor dem Regen zu schützen, was wahnsinnig viel Zeit kostet. Die Schwierigkeit bei einem Unterstand besteht darin, dass er schnell von Insekten bevölkert wird und man ihn praktisch jeden Tag neu bauen muss. Irgendwann setze ich noch einmal ganz neu an. Wenn ich hier überleben will, muss ich mir eine andere Strategie überlegen und mein Leben effizienter organisieren. Es ist Frühling, mir bleiben nur zwei Jahreszeiten, um mich an mein Umfeld anzupassen, ehe der Winter kommt, sonst wird meine Expedition spätestens dann abrupt enden. Irgendwas entgeht mir oder mache ich falsch.

Erst durch die Beobachtung Daguets finde ich die Antworten. Bei den Rehen erfolgt die Ruhezeit in kurzen Zyklen sowohl bei Tag wie bei Nacht; durchschnittlich ein oder zwei Stunden je nach aktueller Wetterlage. Ich beschließe deshalb, mir den Lebensrhythmus bei meinem Gefährten abzugucken. Sobald er aufsteht, verschlingt er sofort eine beeindruckende Menge an Pflanzen, dann legt er sich wieder hin, käut wieder (da ich nur einen Magen habe, werde ich dann meditieren), und schließlich schläft er erneut. Die restliche Zeit ist für Spiele, das Überleben, für die Fortpflanzung oder die Markierung des Reviers reserviert, ganz entsprechend der Jahreszeit.

Durch die Beobachtung meiner Rehfreunde habe ich noch etwas gelernt: Man muss nicht unbedingt in der Nacht schlafen. Vorausgesetzt, man ruht sich immer mal wieder aus. Dafür hocke ich mich hin, vorzugsweise an einer trockenen Stelle, lege die rechte Hand auf das linke Knie und die linke auf das rechte Knie, und den Kopf lege ich dann auf den Armen ab. Nach einer kurzen Weile sammelt sich Speichel in meinem Mund, wovon ich wieder aufwache. So hat mein Körper gar nicht die Zeit auszukühlen. Im Gegenzug schlafe ich wie Daguet über den Tag verteilt mit festen Schlafphasen von etwa zwei Stunden. So habe ich genug Zeit zur Nahrungsaufnahme und vor allem, um an zahlreichen Plätzen im Wald kleine Holzvorräte anzulegen, denn es ist lebenswichtig, immer und überall in der Nacht ein Feuer anzünden zu können, ohne erst lange Brennholz suchen zu müssen.

Schließlich begreife ich, dass die Nacht im Wald wesentlich produktiver ist als der Tag. Der Vorzug der Nacht ist und das haben die Tiere wohl verstanden , dass man in der Dunkelheit nicht mehr zu sehen und somit weniger Gefahren ausgesetzt ist. Man kann daher in seiner Wachsamkeit etwas nachlassen und sich frei bewegen.

Die Gefühle, wenn ich morgens in aller Frühe an der Seite meines reizenden Rehfreundes sehe, wie die Sonne über der Wiese aufgeht und den Nebel und die wild wuchernden und noch mit Raureif überzogenen Gräser in allen Regenbogenfarben zum Glitzern bringt, sind unbezahlbar. Ich lebe meinen Traum. Und ich kann auf keinen Fall wieder zurück. Aus mir entwickelt sich gerade ein neuer Mensch, und dieser Mensch hat sich für den Weg der Freiheit entschieden. Daguet nimmt mich in seinen persönlichen Bereich auf, und in dem Maß, wie ich mich an seine Lebensweise anpasse, entdecke ich einen Rehbruder, der für mich sehr schnell zu meiner wahren Familie wird.

4

Ich werde nie infrage stellen, welche Richtung mein Leben genommen hat, seit ich mich entschieden habe, im Wald zu leben; ich wählte den für mich einzig möglichen Weg, angetrieben von ebendieser Macht, die mich schon als kleiner Junge zum Reich des Waldes hinzog. Aber ich wollte dieses Abenteuer nicht auf das Nötigste zurückgeworfen leben wie der Robinson Crusoe in Michel Tourniers großartigem Roman »Freitag oder das Leben in der Wildnis«, der Steine zusammenschlägt, um Feuer zu machen, und auf alle moderne Technik verzichtet. Dennoch erfordert meine ungewöhnliche Expedition eine gewisse Konsequenz, weil meine Freunde dort im Wald schnell unruhig werden. Ich muss mir ihr Vertrauen erhalten und darf deshalb nicht zu oft der Versuchung nachgeben, in die Welt der Menschen zurückzukehren, um mich ein paar Tage zu erholen und mal durchzuschnaufen. Trotz der Kälte, der Kapriolen des Wetters und des quälenden Hungers habe ich nur den einen Wunsch: immer dort bei ihnen zu sein. Das Leben meiner kleinen Schutzbefohlenen geht vor, und mein Seelenwohl wird immer davon abhängen, ob sie dieses Abenteuer mit mir fortsetzen wollen oder nicht. Daher beschränke ich den Einzug der Zivilisation in den Wald auf das Nötigste.

Als Erstes: Kleidung zum Wechseln, um mich gegen die Kälte zu schützen: zwei Paar Arbeitshosen und eine Jeans, Funktionsunterhosen aus Alpakawolle, T-Shirts aus Leinen oder Hanf, Pullover aus reiner Schurwolle und zwei Fischermützen. Ich nehme schon lange keine Sachen mehr aus Baumwolle mit, da sie hier anscheinend nie trocken werden. Damit nichts schimmelt, packe ich meine Kleidung in luftdichte Beutel und bewahre sie in einem Rucksack auf, den ich an einer strategisch günstigen Stelle im Wald vergrabe.

Was das Kochen betrifft, begnüge ich mich mit einer kleinen Pfanne aus Aluminium und einem Topf, um Wasser zu erhitzen. Außerdem habe ich ein Survivalmesser zum Schneiden, Graben, Zurechtstutzen, Schälen und Auslichten. Ein Solarzellenladegerät für meine Kamera, ein Feuerzeug und dann noch meinen Personalausweis, den ich in einer runden Metalldose mit einem kleinen Spiegel an der Innenseite des Deckels aufbewahre. So ein Spiegel ist sehr nützlich, beispielsweise wenn man sich einen nicht gut einsehbaren Insektenstich an der Fußsohle oder auf dem Rücken genauer ansehen muss.

Ich weiß, ich lebe im Zeitalter von Polarfleece und Alles-aus-Plastik in einer Gesellschaft, die sich mit exzessivem Konsum von allem und zu jeder Zeit zudröhnt und die Verschwendung und Sinnlosigkeit zum Kult erhoben hat. In einem System, das die Werte und die Ehre selbst der anständigsten Menschen untergräbt und auf einer Wirtschaft basiert, die jeden Moment kollabieren kann. Deshalb ist es sicher nachvollziehbar, wenn ich es beruhigend finde, dass ich weiß, was es an Essbarem im Wald gibt, wie man im Winter bei Wind und Regen ein Feuer macht, wie man einen Unterstand baut, und dass ich über alles andere Bescheid weiß, was ich zum Überleben hier in der Wildnis brauche.

Aber Vorsicht, absolute Autarkie ist ein Ziel, das man erst nach einer langen Übergangszeit erreicht. Das schüttelt man nicht so einfach aus dem Ärmel. Die größte Herausforderung ist es, den Winter zu überstehen, eine schwierige Jahreszeit für das Überleben im Freien, weil es dann weniger zu essen gibt. Man muss also lernen, Vorräte anzulegen. Los geht es im Frühjahr mit dem Sammeln von Pflanzen. Nachdem ich beim Trocknen mehrere Rückschläge erlitten habe (Befall mit Insekten, Schimmel und anderen lästigen Pilzen), habe ich dafür ein beinahe unfehlbares System entwickelt: Tagsüber hänge ich meine Ausbeute in einem Einkaufsnetz an einen Ast, um die Sonnenwärme zu nutzen, nachts stecke ich sie in wiederverschließbare Beutel, um sie gegen die Feuchtigkeit zu schützen. Brennnessel, Minze, Oregano, Taubnessel, Mädesüß, gewöhnliche Schafgarbe, Engelwurz …

Man muss natürlich auch die – unbedingt nötige und nicht zu verkürzende – Zeit einkalkulieren, in der man lernt, mit sicherem Blick zwischen essbaren und giftigen Pflanzen zu unterscheiden und zu erkennen, wie viel Energie man aus der einzelnen Pflanze für den Körper ziehen kann. Zum Beispiel würden die wenigsten Engelwurz sammeln, weil diese Pflanze leicht mit dem Schierling zu verwechseln ist, den die Athener in der Antike als Gift verwendeten, um ihre Todesstrafen zu vollstrecken. Dessen tödliche Wirkung ist durch das tragische Ende des großen Sokrates über alle Jahrhunderte hin präsent geblieben. Das Gleiche gilt für Bärlauch, eine köstlich schmeckende, mineralstoffreiche Pflanze, die man aber leicht mit den Trieben der giftigen Herbstzeitlose verwechseln kann. Das Problem bei der Herbstzeitlose ist, dass man sie essen und danach sanftselig wie ein Baby einschlafen kann. Die Wirkung des Gifts setzt erst nach ein paar Tagen ein, wenn es schon heimtückisch die Leber angegriffen hat und sie unweigerlich zersetzt.

Außerdem darf man es mit den Pflanzen nicht übertreiben. Sauerampfer zum Beispiel hat einen kräftigen Geschmack und isst sich gut, aber in großer Menge genossen, kann die Pflanze äußerst schmerzhafte Verdauungsprobleme hervorrufen. Natürlich muss man bei der Ernährung nicht nur auf Mineralstoffe, sondern auch auf Proteine achten. Der Herbstbeginn ist genau die richtige Zeit, um Esskastanien, Nüsse, Eicheln zu sammeln, kurz gesagt, alle Schalenfrüchte, mit denen man sich auch ohne die Zufuhr von tierischen Proteinen ausgewogen ernähren kann. Bei diesen ist die Lagerung allerdings problemloser. Wie ein kleines Eichhörnchen bewahre ich meine Vorräte in einer Felsnische oder in einem hohlen Baum auf.

Schließlich bleibt noch das leidige Problem mit den Vitaminen. Die wichtigste Quelle dafür sind die Früchte, die man im Frühling und Sommer sammelt. Nur habe ich nicht die Möglichkeit, Früchte durch Sterilisieren haltbar zu machen, denn dazu fehlen mir die Gerätschaften. Ich kann also nur meinen Körper darauf einstellen, dass er in diesen Jahreszeiten genug Vitamin C aufnimmt, damit ich über den Winter komme, genau wie Tiere dies tun. Das mag jetzt extrem schwierig erscheinen, aber ich habe es über die Jahre ausprobiert und gute Erfahrungen damit gemacht. Zusammengefasst lässt sich sagen: Wenn man seinen Jahresvorrat in der richtigen Menge angelegt hat, einem nicht zu viele Missgeschicke passieren und man sehr robust ist, kann man es durchaus nach einem Jahr schaffen, sich selbst mit Lebensmitteln zu versorgen.

Tatsächlich konsumiere ich immer weniger industriell gefertigte Lebensmittel, je mehr ich meinen Bedarf durch die eigene Ausbeute decken kann. Ich entdecke das Kleinblütige Weidenröschen für mich, dessen Wurzeln essbar sind und das früher als Allheilmittel galt. Man gräbt die Wurzeln mit dem Messer aus und isst sie roh. Außerdem gibt es hier Brennnesselwurzeln, die Wurzeln von Brombeersträuchern und wilde Möhren. Machen wir uns nichts vor, am Anfang ist das alles etwas eklig. Der Übergang von einem ernährungstechnischen Umfeld, wo alles voll von Zucker und Salz ist, zu einem Speisezettel, der von Bitterstoffen und Schärfe geprägt ist, fällt nicht so leicht. All diese Pflanzen und Wurzeln sind gut für das körperliche Wohlbefinden, aber die Vorstellung, dass damit auch die Geschmacksnerven befriedigt würden, kann man getrost vergessen. Die Purpurrote Taubnessel zum Beispiel, eine Pflanze, die durch ihren hohen Anteil an Proteinen und Spurenelementen unglaublich wichtig für das Überleben im Wald ist, schmeckt, als würde man Komposterde löffeln. Beinwell, eine andere Pflanze, die viele Proteine enthält, schmeckt ein wenig fischig. Doch zum Glück schmeckt nicht alles schlecht. Nach einigen Monaten, wenn man sich die Lust auf gezuckerte Cornflakes abgewöhnt hat, überraschen einen natürliche Nahrungsmittel wie Kleeblüten oder Birkensaft mit sehr angenehmer Süße.

Um den Winter zu überstehen, muss man nicht nur gegen den Hunger, sondern auch gegen die Kälte ankämpfen. Und zu diesem Zweck bevorzuge ich natürliche, bewährte Materialien. Allem voran Schafwolle, um auch gegen die tiefsten Wintertemperaturen und die Unbilden des Wetters gewappnet zu sein. Nur Wolle wärmt auch dann noch, wenn sie nass wird. Zusätzlich ziehe ich entsprechend mehr Schichten Pullover unterschiedlicher Größe und Webart nach dem Zwiebelprinzip übereinander.

Der dünnste Pullover aus dichtem Strickgewebe, der eng an der Haut anliegt, um mich zu wärmen, ahmt ein wenig den Aufbau des Unterfells der Rehe nach. Darüber trage ich einen etwas größeren Pullover, der die Körperwärme halten soll, aber nicht zu eng sein darf, damit noch Luft zwischen den Schichten zirkulieren kann und so ein Luftaustausch stattfindet. Der dritte Pullover darüber ist aus Grobstrick. Er dient als Schutz gegen Feuchtigkeit und Frosttemperaturen. Bei Regen quillt die Wolle vom Wasser auf, lässt es aber zunächst nicht in die unteren Schichten dringen. Es genügt dann, den dicken Pullover auszuwringen, um das angesammelte Wasser zu entfernen, und ihn danach wieder anzuziehen; da die Körpertemperatur höher ist als die Außentemperatur, wird das restliche Wasser einfach verdunsten. Einen Parka ziehe ich nur sehr selten an, denn er hat den Nachteil, dass der Körperschweiß nicht nach außen dringen kann, was ein unangenehmes Kältegefühl zur Folge hat und zusätzlich die Gefahr von Unterkühlung birgt. Unter der Hose trage ich Leggings aus Schafwolle, aus dem gleichen Material sind auch die wirklich ausgezeichnet gegen Kälte schützenden Handschuhe und die Mütze. Die Strümpfe sind aus Alpakawolle. Nur meine Schuhe bestehen aus dem Hightechmaterial Goretex.

Um in Harmonie mit den Rehen leben und ihnen folgen zu können, befreie ich mich von allen Gedanken, die meine Erfahrung auf diesem Gebiet behindern könnten. Das ist sicher das Schwierigste an der ganzen Sache. Aber nach einem Jahr ist mir die Welt der Menschen in gewisser Weise unwichtig geworden. So allein im Wald mit den Rehen denke ich an nichts, ich fasse das, was ich sehe, in mich einsauge oder höre, nicht in Worte oder versuche nicht, es zu definieren. Es genügt mir, hier zu sein, hier mit ihnen, und die Natur um mich zu erleben, anstatt sie zu analysieren.

Ich sage kaum etwas, um möglichst alles meinen Instinkten zu überlassen. Ich stelle mich der Herausforderung, Daguet kennenzulernen, indem ich ihn imitiere, ihn beobachte und versuche, ihn zu verstehen. Und er scheint ebenfalls sehr neugierig darauf zu sein – ja neugieriger noch als ich –, etwas über mich zu erfahren! Ich lasse mich von meinen Gefühlen leiten. Nutze diese Möglichkeit, nur zu »sein« und nicht zu »handeln« oder zu »denken«. Ich erliege schnell dem Charme dieses kleinen Tieres, das so spitzbübisch und verspielt ist und das genau weiß, wie es manchmal auch auf unsere Kosten leben kann, indem es unsere Obst- oder Gemüsegärten plündert.

Um diese Momente festzuhalten und daraus später ein »Familienalbum« zu erstellen, nehme ich manchmal eine Kamera mit Akkus mit. Einige davon stecke ich in meine Jackentaschen, damit ich sie regelmäßig wechseln kann. Aber leider halten sie bei der Kälte nicht sehr lange. Und mein kleines Solarladegerät kann bei dem schwachen Licht im Wald nicht gerade viel ausrichten.

Anpassung an das natürliche Umfeld ist ein langwieriger Prozess, der viel Geduld verlangt. Der Stoffwechsel verändert sich. Die Gedanken verändern sich. Die Reflexe verändern sich. Alles verändert sich, aber sehr allmählich. Ich muss akzeptieren, dass ich zwar wandlungsfähig bin, dass mein Körper sich anpasst, aber dass er Zeit dafür braucht und dass man nichts erzwingen kann, denn so funktioniert das nicht. Der Wald selbst ist weder gut noch schlecht, er bringt einen jedoch dazu, sich ständig selbst zu hinterfragen.

5

Rehe sind im wahrsten Sinne des Wortes Gewohnheitstiere, und statt Zeit und Energie damit zu verschwenden, nach ihnen im Unterholz zu suchen – Zeit ist kostbar, wenn man so wie ich dort in der Wildnis lebt –, lasse ich mich am Rand eines kleinen Pfads nieder, von dem ich weiß, dass hier jeden Morgen ein junger Rehbock, ich habe ihn Laflèche (»Pfeil«) getauft, vorbeikommt, der die Ruhe des Sonnenaufgangs nutzt, um junge Triebe abzuzupfen. Die Wiese liegt unter einer dichten Decke aus Raureif, und die Sonne kommt und streichelt mein von der Frühlingsnacht noch eiskaltes Gesicht. Ich spüre, wie ihre Strahlen meinen von der Nachtfeuchte klammen Körper wärmen und wie der Dunst aus meinen Kleidern aufsteigt. Die Reviere sind noch nicht abgesteckt, und Laflèche ist angespannt. Immer wieder hebt er plötzlich den Kopf, dreht sich um, nimmt Witterung auf, um sich dann wieder der aktuell wichtigsten Beschäftigung zuzuwenden: Fressen.

Sipointe, der einen potenziellen Rivalen in seinem Revier gewittert hat, überquert den Pfad genau vor mir, trottet in meine Richtung, hält dann einen Moment inne und scheint zu überlegen, danach läuft er weiter, aber er zieht links an mir vorbei. Er starrt mich unterdessen weiter an, mit gerecktem Hals, sein Blick wirkt spöttisch, als wollte er sagen: »Sieh mal an! Du bist also auch hier.« Dann geht er weiter, bis er sein Ziel erreicht hat, das natürlich der arme Laflèche ist. Ich bin noch nicht wirklich vertraut mit Sipointe, aber ich bin ihm schon sehr oft begegnet, und zwar schon, lange bevor ich mich entschlossen habe, im Wald zu leben. Mir ist bewusst, dass er sein Revier verteidigt und sehr genau weiß, was er will. Ich nenne ihn liebevoll »Großmaul«, weil er alles verbellt, was sich bewegt. Seine Begleiterin Étoile (»Stern«), eine prächtige zierliche Geiß mit einem schlanken Körper und verschmitztem Blick, bringt mich jedes Mal zum Lachen, wenn ich sie sehe. Sie folgt Sipointe mit ein paar Schritten Abstand und scheint weit weniger eifrig als ihr Begleiter, das Revier abzustecken. An ihren gerundeten Flanken erkenne ich, dass sie noch in diesem Jahr Kitze zur Welt bringen wird, und ich überlege mir schon Namen für die Kleinen.

Sipointe erkennt Laflèche, der sich hier an der äußersten Grenze seines Reviers aufhält. Wie die Menschen sind auch Rehe Individualisten, und wenn gerade die Zeit ist, in der sie ihr Revier markieren, streiten sie sich auch gern ein wenig. Zum Leidwesen der anderen jungen Rehböcke ist Sipointe inzwischen ein Meister darin, sein Revier zu markieren. Sobald sie aus dem Alter der »Jungsgruppe« raus sind, werden die jüngeren Böcke häufig versuchen, sich in einem Gebiet festzusetzen, das ihnen Schutz und Nahrung bietet und das ihnen dann möglichst allein gehört. Dafür muss der junge Bock seine Rivalen aus seinem künftigen Revier vertreiben und es von da ab gegen Eindringlinge verteidigen.

Die Reviere von Sipointe und Laflèche liegen dicht nebeneinander und überschneiden sich manchmal sogar, weshalb die beiden »Nachbarn« die Angelegenheit jetzt untereinander klären müssen. Und Sipointe ist fest entschlossen, sich mit diesem anmaßenden kleinen Kerl anzulegen, der da in seinem Revier wildert! Sipointe befeuchtet regelmäßig seine Nasenlöcher mit der Zunge und stellt sich gegen den Wind. Trotz seiner Wachsamkeit merkt Laflèche nichts und frisst ruhig weiter. Aus heiterem Himmel stößt Sipointe einen gewaltigen Ruflaut aus und stürmt auf Laflèche zu. Dieser macht einen unglaublichen Satz und rennt ebenfalls bellend los. Doch sein Laufen wirkt ungeordnet, denn in seiner Panik rennt er in die falsche Richtung und dringt immer tiefer in Sipointes Revier ein, der nun kurz stehen bleibt und sich fragt, wie jemand so vermessen sein kann. Dann stürmt er bellend weiter. Allerdings nenne ich Laflèche trotz seiner Unerfahrenheit nicht umsonst Laflèche. Schnell wie ein Pfeil springt er über einen auf dem Boden liegenden umgestürzten Baum, wendet sich nach rechts und taucht unter dem enttäuschten Blick Sipointes im Unterholz ab, der nach einem unzufriedenen Brummen zu seiner Begleiterin Étoile zurückkehrt und unterwegs an allen Pflanzen und Bäumen die Stirn und das Geweih reibt, um klarzustellen, dass das hier Sipointe-Land ist und niemand es ohne seine Erlaubnis betreten darf.

Étoile scheint das Ganze überhaupt nicht zu interessieren, aber man darf sich von ihrem hübschen Gesicht nicht blenden lassen, denn später werde ich erleben, dass Rehgeißen es überhaupt nicht mögen, wenn andere Weibchen in ihre Bereiche eindringen. Es kommt sogar ziemlich häufig vor, dass die Männchen ihre Reviere nach den Lebensräumen ausrichten, die von den Weibchen verteidigt werden. Ein Rehbock wird immer dafür sorgen, dass sein Revier sich mit den Revieren von mehreren Weibchen überschneidet. Damit er in der Fortpflanzungszeit im Juli / August, nun ja, die Qual der Wahl hat … Und genauso wird die Geiß den Kitzen aus dem Vorjahreswurf, wenn sie immer noch bei ihr sind, begreiflich machen, manchmal auch etwas grob, dass sie ihrer eigenen Wege gehen sollen. Aber häufig bieten Geißen ihren Töchtern auch ein eigenes, angrenzendes Gebiet an.

Die Böcke versuchen jedenfalls, möglichst immer das gleiche Revier zu erobern, doch die Forstwirtschaft kann ihnen durch Rodungen einen Strich durch die Rechnung machen und damit den eingefahrenen Rhythmus des Reviermarkierens stören. Das hat Courage, Chévis Halbbruder, erleben müssen, deren Geschichte ich später noch erzählen werde. Im Frühling markiert der Rehbock sein Revier mit dem Duft seiner Zwischenzehendrüsen, indem er mit den Klauen dieses Sekret auf dem Boden verteilt. Einige Wochen später reibt er sein Geweih kräftig an den weichen, noch nicht stark verzweigten Stämmen junger Bäume, um die darüberliegende Haut zu entfernen. Mit dem wohlriechenden Sekret aus seiner Stirndrüse markiert er dann die Bäume, damit er sich anderen Böcken bemerkbar macht. Und beim zuweilen überraschend regelmäßigen Durchkämmen seines Territoriums reibt er seine Nase an der niedrigen Vegetation, um weitere Duftmarken zu setzen und den anderen Böcken zu zeigen, dass er dort gewesen ist. Diese Mischung aus visuellen Zeichen und Duftmarken ermöglicht es dem Rehbock, sein Revier sehr genau abzugrenzen.

Ein Nebelschleier legt sich leicht über die Sonne, und ich verlasse Sipointe und Étoile, um mich auf die Suche nach Daguet zu machen.

Bord ist ein Waldgebiet von viertausendfünfhundert Hektar in meinem Heimatdepartement Eure in der Normandie. Seine Hufeisenform ist perfekt an die vierte Schleife angepasst, die die Seine hier macht. Wenn ich das Gebiet von Osten nach Westen durchquere, komme ich von einem Bereich, dessen Vegetation hauptsächlich aus Kiefern und Rotbuchen besteht, in einen dichten Wald aus Eichen und Vogelkirschbäumen. Ich lasse mich im Osten auf dem Crutte nieder, einer Anhöhe, von der aus man das ganze Seine-Tal bis hin zur Côte des

Deux Amants überblicken kann. Dieser bei Wanderern sehr beliebte Ort hat seinen Namen – »Hügel der zwei Liebenden« – von einem mittelalterlichen Epos, das die tragische Geschichte eines Liebespaars erzählt: Mathilde, Tochter des Baron de Canteloup, und Raoul de Bonnemare. Der Baron stellte dem jungen Mann eine Bedingung: Um Mathildes Hand zu gewinnen, musste Raoul einen extrem steilen Hügel erklimmen und sie dabei auf seinen Armen tragen. Oben angekommen, starb der junge Mann jedoch vor Erschöpfung, und Mathilde sprang aus Kummer in den Tod. Von Gewissensbissen gequält, ließ ihr Vater auf dem Hügel ein schönes Kloster errichten, das auch heute noch die Wanderer erfreut.

Mein »Territorium« in diesem Wald ist etwa fünfhundert Hektar groß. Und ich muss sagen, dass ich mich dort mittlerweile sehr gut zurechtfinde. Zunächst gibt es da all die Pfade, die von den Tieren benutzt werden, die erkenne ich inzwischen im Schlaf. Und dann gibt es einige hilfreiche Details, die ich mir mit wachsender Erfahrung aneigne. Ganz wichtig sind Geruchssignale, besonders nachts. Wenn ich in Richtung der Kornfelder im Westen gehe, nehme ich ganz andere Gerüche wahr, als wenn ich auf die Seine zulaufe. Die Eichen verströmen einen Duft nach alten Holzbalken; die Kastanien, die Farne und das Mädesüß, der Geruch all dieser Pflanzen hilft mir dabei, mich zu orientieren. Nähere ich mich zum Beispiel einem Tümpel, dann steigt mir der Geruch von Schilf und Schlamm in die Nase.

Außerdem haben sich meine Augen inzwischen an die Dunkelheit gewöhnt. Ich habe zwar nicht die Augen einer Katze, aber meine Sehkraft hat sich deutlich verbessert. Und dann ist da noch der Tastsinn. Die Nacht im Wald hat viele Facetten: Man döst, ist in Bewegung oder frisst. Aber wie kann man erkennen, ob man die richtige Pflanze vor sich hat? Sauerampfer und Wegerich zum Beispiel ähneln einander optisch sehr, aber wenn ich die Blätter berühre, weiß ich sofort, um welche Pflanze es sich handelt. Die Blattadern verlaufen bei beiden unterschiedlich. Selbstverständlich erwirbt man einen solchen Wissensstand nicht über Nacht oder während eines Wochenendtrips in den Wald. Ich sollte ungefähr zwei Jahre brauchen, um so weit zu kommen, und doch hält der Wald immer noch viele Geheimnisse für mich bereit.

Zu dieser Zeit treffe ich Daguet immer dort an, wo ein hundertjähriger Kastanienbaum zwischen jungen Buchen wie ein Kathedralenpfeiler in den Himmel ragt. Der Platz ist lichtdurchflutet, die Sonne fällt in langen goldenen Strahlen hinein, die den Wald in einen reizvollen Kontrast von Licht und Schatten tauchen. Und dort finde ich meinen Freund. Er steht da, erkennt mich und fixiert mich mit seinem Blick. Er ist schon beeindruckend, mein Prinz des Waldes, obwohl der Fellwechsel des Frühjahrs ihn ein wenig zerrupft aussehen lässt.

Im Frühjahr verlieren die Rehe mit jedem der länger werdenden Tage mehr von ihrem dichten Winterfell, das Platz macht für das prächtige Sommerfell. Die

Farbpalette dieses eleganten Mantels, mit dem sich so gut Staat machen lässt, umfasst alle Rottöne, die das Fell seidig und glatt wirken lassen, während die hellen Haare am Hinterteil und der Unterbauch einen Cremeton annehmen. Der Fellwechsel im Herbst dagegen verläuft fast unmerklich. Es dauert nur ein paar Tage, bis das leuchtende Sommerfell durch das unauffällige Winterfell ersetzt ist. Das Fell wird dichter wie auch die weißen Haare an der Rückseite der Rehe.

Daguet wirkt auf mich ein wenig angespannt und unruhig, als wäre da etwas, das ihn daran hinderte, ganz er selbst zu sein. Ich setze mich im Fersensitz auf den Boden, lasse die linke Pobacke auf der Ferse meines rechten Schuhs ruhen, während die rechte frei schwebt, und wechsle nach einer halben Stunde – rechte Pobacke, linker Schuh –, damit mir die Füße nicht einschlafen. Diese genaue Beschreibung der Sitzart mag belanglos wirken, aber diese Präzisierung ist sehr wichtig. Man sollte sich niemals direkt auf den Boden setzen, denn die Erde ist feucht, die Nässe dringt dann in sämtliche Kleidungsschichten ein, und man bekommt sie im Laufe des Tages kaum wieder trocken. In der Nacht wird man dann das Kältegefühl nicht mehr los, und das kann einem die Freude am Aufenthalt im Freien reichlich verderben. Je nachdem, wie niedrig die Außentemperatur ist, kann es so zu Erfrierungen oder sogar zu Unterkühlung kommen.

Daguet steht einfach da und wartet. Dann schaut er plötzlich geradeaus, ich folge seinem Blick und erkenne dort Chocotte (sinngemäß »Angsthase«), einen schönen, knapp sechs Jahre alten Rehbock, der sich schon lange in dieser Region aufhält, also noch bevor ich mich entschloss, den Wald zu erforschen. Es ist ein ausgesprochen sympathischer Bock, der trotz seines Alters, seines starken Charakters und seiner stattlichen Figur erschreckt davonspringen kann, wenn ein paar Meter neben ihm ein schlichter Kiefernzapfen auf den Boden plumpst (Eichhörnchen treiben gern Schabernack!).

Daguet senkt vor Chocotte den Kopf und zeigt sein Gehörn. Er dreht den Kopf hin und her, um seinem Gegner zu imponieren, und scharrt mit seinem Vorderlauf auf dem Boden. Chocotte tut so, als bemerkte er die »Drohgebärde« überhaupt nicht, und läuft weiter, als ob der junge Bock Luft für ihn wäre. Er ist ohnehin nicht an diesem Revier interessiert, da seines gegenüberliegt.

Wenn zwei Rehböcke sich begegnen, kommt es vor, dass sie ihre Differenzen regeln, indem sie Ruflaute ausstoßen und den Kopf an Bäumen reiben. Manchmal gehen sie auch zum Kampf über, Kopf gegen Kopf, aber diese Auseinandersetzungen sind selten, und die Verletzungen dabei halten sich in Grenzen. In den sieben Jahren, in denen ich mit Rehen zusammenlebte, habe ich niemals einen solchen Kampf miterlebt, was allerdings nicht heißt, dass es nicht vorkommt. Wie überall gibt es Zeitgenossen, die aggressiver sind als andere. Anfangs wirken diese Kämpfe wie ein Spiel. Doch das Ganze kann böse enden. Manchmal ufern sie aus, und die Aggressivität eines Bocks kann sich wegen des erhöhten Testosteronspiegels schnell steigern. Das Territorialverhalten erreicht im Mai seinen Höhepunkt, und sobald die Reviergrenzen abgesteckt sind, ebben die Streitigkeiten wieder ab, was unnötiges Kräftemessen vermeidet.

Ich sehe weit hinter Daguet ein anderes Reh, das schüchtern näher kommt. Es ist Broc, ein noch sehr junger Bock, der ausgesprochen ängstlich ist und von Revier zu Revier wandert, ohne dass es ihm gelingt, sich ein eigenes Territorium zu erwerben. Er ist eines dieser glückloseren und sensibleren Rehe, die sich kein Gebiet erobern können und daher im Sommer in kleine Wäldchen, Dickichte, vielleicht auch Hecken flüchten, was ihnen das Leben schwer macht, um nicht zu sagen zu einer Katastrophe werden lässt.

Diese Rehe mit schwierigen Lebensumständen sind oft Jungtiere unter drei Jahren oder genau im Gegenteil hochbetagte Rehe, die über zehn Jahre alt sind. Einige von ihnen schaffen es unabhängig von ihrem Alter nie, sich ein Stück Land zu erobern. Egal ob verletzt, krank oder zu alt – sie können mit den anderen Tieren nicht mithalten. Manchmal sterben sie sogar früh und tragen auf diese Weise zum großen Kreislauf des Lebens und der Selbstregulierung ihrer Art bei.

Andere Jährlinge, die zu schwach oder nicht kämpferisch genug sind, um die Aufmerksamkeit der Älteren auf sich zu ziehen, bekommen von ihrem Vater oder ihren älteren Geschwistern eine zweite Chance, ein zweites

Jahr als »Schützling«. Sollte während dieses Jahres ihrem Beschützer etwas zustoßen, würden sie vorübergehend dessen Platz einnehmen und von ihren Nachbarn respektiert werden. Sie kennen die örtlichen Gegebenheiten, haben alles von ihrem »Meister« gelernt und sind daher in der Lage, gegebenenfalls das Territorium gegen Rivalen zu verteidigen, selbst wenn diese größer und stärker sind – zumindest bis zum nächsten Frühjahr.

Im Allgemeinen werden all diese »obdachlosen« Rehe, egal ob Männchen oder Weibchen, jedoch meist aus den Wäldern der guten Lagen vertrieben und sind dann gezwungen, sich minderwertigere Zufluchtsorte oder Nahrung von schlechterer Qualität in Gebieten ohne Deckung zu suchen. Zu meinem Erstaunen habe ich in den Bergen, besonders in den Nadelwäldern der Alpen, beobachtet, dass die Rehe, die dort in einer ähnlichen Situation waren, genau das Gegenteil machten. Sie wählten ihre Zuflucht in den dichtesten und finstersten Gebieten mitten im Wald. Dort überlebten sie und warteten darauf, sofort hervorzukommen, sobald ein Gebiet (durch die Natur oder den Menschen) aufgeforstet würde. Die Migration erfolgt hier also von außen nach innen, da die stärksten Männchen normalerweise die Territorien am Waldrand besetzen.

Auf der Suche nach Freundschaft und Trost nähert Broc sich vorsichtig Daguet, und als dieser die Schwäche seines Artgenossen bemerkt, willigt er ein, eine kleine Ecke seines Gebiets mit ihm zu teilen. Ich muss nun leider meinen Freund ziehen lassen und kann ihm nur noch hinterhersehen, wie er mit seinem Gefährten verschwindet, denn ich befürchte, dass dessen Angst das Vertrauen, das Daguet mir zugesteht, auf eine harte Probe stellen würde.

Nun, da mein Freund nicht mehr bei mir ist, merke ich, dass ich sehr einsam bin. Ich nehme mir daher vor, mich neben Daguet, Sipointe, Étoile oder Laflèche auch von anderen Rehen zähmen zu lassen, und zwar nach dem gleichen Verhaltensmuster. Aber das ist gar nicht so einfach, wie man glauben möchte. Nur weil Daguet mir vertraut und ich ihm folgen darf, wollen die anderen Rehe, die uns beobachten, das noch lange nicht nachmachen und Vertrauen zu mir aufbauen. Der Fall liegt wesentlich komplexer, denn diese Zähmungsarbeit muss bei jedem anderen Tier wiederholt werden. Selbst im Winter, wenn sich kleine Gruppen bilden und ich das Vertrauen eines dieser Rehe schon erworben habe, muss ich mit jedem der anderen Böcke und Geißen getrennt arbeiten, um ihnen meine guten Absichten zu beweisen, und dabei noch ihre individuellen Charaktere berücksichtigen. Und Charakter haben »meine kleinen Freunde« auf jeden Fall! Im Winter schließen sich die Rehe zu Gruppen zusammen, die manchmal mehr als ein Dutzend Mitglieder haben können. So bilden sie mitunter einzelne Gruppenverbände wie ihre Cousins, die Hirsche, aber dabei handelt es sich nicht um Herden.

Ich drehe mich zu Sipointe um, aber der ist mit Étoile zu den Kreideanhöhen verschwunden und damit außerhalb meiner Reichweite. Die Büsche wachsen dort sehr dicht, und ich habe Schwierigkeiten, in diesem Gebiet vorwärtszukommen. Für den Moment verzichte ich also darauf, meinen Selbstversuch mit den beiden weiter »voranzutreiben«.

6

Eines Abends stoße ich wieder auf Daguet, und wir streifen für einige Stunden gemeinsam durch die Gegend. In dieser Frühlingsnacht, in der die Knospen an den Bäumen sich noch nicht geöffnet haben, um Platz für die saftigen, frischen und süßen Blätter zu machen, ist Daguet hungrig, aber er scheint keine Lust auf Brombeerblätter zu haben. Es gibt sie zwar das ganze Jahr über, aber sie werden leider immer bitterer, je länger der Winter andauert. Wir bewegen uns auf den Waldrand zu, wo sich einer dieser für die Normandie typischen Bauernhöfe mit einem herrlichen Gemüsegarten befindet. Möhren, Kartoffeln, Lauch und Mangold wachsen hier reichlich neben einem Obstgarten, neidisch beäugt von normannischen Kühen, die dort unter den Apfelbäumen grasen. Hübsche Blumen trennen die Reihen mit dem Gemüse, sie dienen dazu, dass Schädlinge, also Insekten, nicht die Ernte vernichten. Wir überqueren eine Straße, die zu dieser Zeit nicht sehr befahren ist, dennoch ist Vorsicht geboten. Drei Viertel der im Straßenverkehr getöteten Paarhufer sind tatsächlich Rehe. Eine der Ursachen hierfür ist im Frühjahr die vermehrte Aktivität der männlichen Tiere. Die Kitze zerstreuen sich, um eigene Territorien zu erobern, und im Herbst werden die Rehe durch Jäger oder Waldspaziergänger aufgeschreckt.

Daguet springt über eine Begrenzungsmauer, die einen Meter zwanzig hoch ist, und trabt selig durch das noch nasse Gras bis zum Gemüsegarten. Hier und da zupft er ein paar Blumen ab, auf denen der Morgentau hübsche Wasserperlen hinterlassen hat. Er gräbt einige Knollen aus, frisst etwas Mangold und zum Abschluss einige Bohnen. Dann kehrt er im Morgengrauen in seinen Wald zurück, bevor der Bauer aufwacht. Der Besitzer des Hofs kann später, in Begleitung seines Hundes, nur noch das Ergebnis dieses kleinen nächtlichen Ausflugs in seinen Garten begutachten. Gut, es sind keine großen Schäden entstanden, das ist eben der Hunger, man muss lernen zu teilen, so ist das Leben auf dem Land. Außerdem richten Wildschweine weitaus größeren Schaden an! Ich kenne Daguet erst seit einigen Monaten, und schon führt mich dieser Schlingel in Versuchung! Ich muss schon zugeben, dass mich der Hunger quält.

In dieser Phase meines Abenteuers kehre ich noch von Zeit zu Zeit in die Zivilisation zurück, so zwei- oder dreimal im Monat, um wieder zu Kräften zu kommen. Die industriell gefertigten Nahrungsmittel, die ich im Kühlschrank meiner Familie finde, sind immer noch verlockend. Ich habe jedoch zunehmend Probleme damit, sie zu verdauen. Der abrupte Wechsel von der Nahrung im Wald mit ihren bitteren und würzigen Aromen zur süßsalzigen Welt der Supermärkte ist eine überraschende Erfahrung. Der Quark verströmt für mich jetzt einen seltsamen Pilzgeruch. Es war auch noch nie so schwierig für mich, industriell gefertigtes Brot zu essen, und hart gekochte Eier ekeln mich an.

Ich nutze die Gelegenheiten außerdem, um einige Konservendosen zur Aufstockung des Notvorrats mitzunehmen, den ich mir zu Beginn meines Abenteuers angelegt habe. Ich lade die Akkus meiner Kamera auf. Zu meiner großen Enttäuschung hat sich das Solarladegerät als vollkommen ungeeignet für die Lichtverhältnisse im Wald erwiesen. Ich dusche schön heiß, schlafe einige Stunden in meinem alten Kinderbett und kehre vor dem Morgengrauen in den Wald zurück. Dabei vermeide ich es, meinen Eltern zu begegnen, die mein neues Leben als Waldmensch nicht akzeptieren können und mich dies immer wieder wissen lassen. Meine Kleidung wasche ich nicht, denn ich möchte den Geruch der Menschenwelt nicht in den Wald tragen. Dies würde meine Rehfreunde extrem nervös machen. Außerdem habe ich gemerkt, dass Hygiene im Wald keine Rolle spielt. Darauf werde ich später noch zurückkommen.

Ich bin immer noch über die Treffsicherheit verblüfft, mit der mein Freund Daguet und die anderen Rehe ihre

Nahrung auswählen. Mit seinen überaus beweglichen Lippen und seiner langen, dünnen Zunge pflückt Daguet mühelos Buschwindröschen, Hyazinthen und einige andere Pflanzen ab, die für Pflanzenfresser eigentlich giftig sind. Deren Inhaltsstoffe scheinen ihm aber nichts anzuhaben. Der Grund dafür ist, dass er bei der täglichen Nahrungsaufnahme nur die Menge an Tanninen zu sich nimmt, die sein Organismus kompensieren kann. Seine Speicheldrüsen, insbesondere die Ohrspeicheldrüsen, produzieren tanninbindende Proteine, und so haben sie keine toxische Wirkung für das Reh mehr.

Dieses Wissen hat er schon in seinem ersten Lebensmonat erlernt. Seine Mutter brachte ihn zu Weideflächen, wo er durch Nachahmung diese besonderen Pflanzen in sehr kleinen Mengen probieren konnte. Heute kann er dank seiner präzisen Auswahlfähigkeit und seinem extrem feinen Geruchssinn blitzschnell die Pflanzen erkennen, deren Inhaltsstoffe er benötigt, ohne erst davon kosten zu müssen. Seine Leber, die am weitesten entwickelte aller Wiederkäuer, hemmt die toxischen Substanzen, die Pflanzen absondern, um sich vor Herbivoren zu schützen. Andererseits hat er keine Gallenblase, denn ein spezieller organischer Prozess ermöglicht es ihm, Kohlenhydrate sofort problemlos zu verarbeiten, wenn sie in seinem Pansen ankommen. Mit Dünger gezogene Pflanzen sowie neu gepflanzte Bäume ziehen ihn weit mehr an als alles aus seinem natürlichen Nahrungsumfeld. Ganz zu schweigen von Ziergehölzen, neuen Rosensorten,

Heidekraut und Tabakpflanzen, kurz gesagt, alles, was es im Wald so nicht gibt.

Um es noch einmal deutlich zu machen, meine Freunde mögen also alles, was süß, salzig und bitter ist, und, ganz allgemein gesagt, besonders gern alles mit einem intensiven Geschmack. Rehe bevorzugen holzige und halbholzige Pflanzen mit hohem Nährwert. Sie sind in der Lage, sofort zwischen einer Pflanze, die in einer Baumschule gewachsen ist, und derselben Art, die aus natürlichen Sämlingen stammt, zu unterscheiden. Brombeere, Efeu, Besenheide, Himbeere, Weißdorn, Maulbeere und alle jungen Blätter von Bäumen in den Sommermonaten haben einen großen Nährwert für sie. Natürlich unter der Voraussetzung, dass der Baum nicht zu hoch ist, denn aufgrund seiner geringen Körpergröße kann das Reh keine Pflanzen erreichen, die über einen Meter vierzig hoch sind. Die sind eher das Futter von Hirschen und Hirschkühen, die wesentlich größer sind als sie. Eine ideale Nahrungsquelle bieten auch Baumstümpfe von im Vorjahr abgeholzten Bäumen, die im folgenden Frühjahr wieder austreiben. Ein Großteil der im Wald wachsenden Nahrung wie Brombeeren oder die Blätter von Eiche, Akazie, Wildkirsche und des Schlehdorns ist bitter, scharf oder fad im Geschmack.

Wir verweilen tagelang im Unterholz und warten geduldig auf den Westwind, um auf die Lichtung, die Wiese, das Feld oder einfach einen Pfad hinauszutreten. Wie schön ist es, wenn wir uns schließlich ins freie

Gelände wagen können, um Wegerich, Sauerampfer, Löwenzahn und viele andere saftige, süße oder stärkehaltige, salzige und würzige Pflanzen zu fressen. Mit den Rehen lebt man nicht *im*, sondern *vom* Wald, ein kleiner, aber wichtiger Unterschied. Im Gegensatz dazu ist der Speiseplan der Rehe in der kalten Jahreszeit wesentlich karger, und die Brombeere bildet dann den Hauptbestandteil ihrer Nahrung.

Um sich an den Nahrungsmangel in ihrem Lebensraum anzupassen, waren die Rehe gezwungen, sich mehrmals im Laufe der Evolution umzustellen. Ihre frühen Vorfahren lebten vor fünfundzwanzig Millionen Jahren und hatten stark entwickelte Eckzähne im Oberkiefer. Mit dem allmählichen Verschwinden der großen Obstbäume aufgrund der Klimaveränderung zu jener Zeit entwickelten sich die Rehe im Mittleren Pleistozän vor etwa zweihunderttausend Jahren zu ihrer heutigen Form. Aufgrund der Beschaffenheit ihrer Sprunggelenkknochen glauben Paläontologen, dass es sie schon lange vor Rot- oder Damhirschen gegeben hat. Im Gegensatz zu anderen Hirschartigen, die eine sehr große Menge an krautigen Pflanzen mit geringem Nährwert zu sich nehmen müssen, konzentrieren sich die Rehe auf das Abpflücken einzelner Blätter, Früchte oder Triebe. Daher bezeichne ich meine Kameraden als Gourmetsammler, die ihre Nahrung nach dem Nährwert auswählen und sich immer das Beste vom Besten aussuchen. Neben Blättern, Knospen, Beeren und Jungtrieben sind auch Früchte bei ihnen sehr beliebt. Ohne es zu wissen, haben meine Freunde eine bestimmte Funktion im Ökosystem, indem sie zum Beispiel Samen wie die der Vogelbeere verbreiten können, wobei ihr Verdauungstrakt eine obligatorische Station für deren Keimung wird.

Andererseits fressen Rehe nur sehr selten Gras. Im Laufe der Evolution wurden die Schneidezähne des Oberkiefers durch ein kleines Knorpelpolster ersetzt, eine Wulst, an die die Zähne des Unterkiefers anstoßen, wenn das Maul geschlossen ist. Damit schieben sie die holzigen Teile der Nahrung tief ins Maul, um schließlich mit den Backenzähnen zu kauen, anstatt sie mit den Schneidezähnen zu durchtrennen, wie es bei Nagetieren der Fall ist.

Der Magen der Rehe besteht aus Pansen, Netzmagen, Blättermagen und Labmagen und ist so klein (ungefähr fünf Liter), dass Daguet regelmäßig fressen muss, zehn- bis fünfzehnmal am Tag. Nach jeder Mahlzeit, wenn er satt ist, käut er gerne in der Deckung oder auch auf freiem Feld, wenn er sich dort sicher fühlt, wieder. Ich kann seinem Gesicht ansehen, dass dies ein Augenblick der reinen Entspannung für ihn ist. Dennoch hört er niemals auf, seine Umgebung zu überwachen: Seine Ohren nehmen das kleinste Geräusch und seine Nasenlöcher noch den schwächsten Geruch wahr. Rehe brauchen zur Verdauung Ruhe, und Störungen wie ein Hirschrudel, eine Wildschweinrotte oder Menschen wirken sich dann direkt auf den Zeitpunkt ihrer Nahrungsaufnahme aus.

Solche Unterbrechungen können sie in extremen Stress versetzen. Kommt dies öfter vor, werden die Rehe nervöser, springen beim kleinsten Geräusch auf und erleiden manchmal sogar regelrecht einen »Nervenzusammenbruch«.

Die Nahrungsaufnahme muss nicht nur am Tag, sondern auch in der Nacht erfolgen. Mit zunehmender Erfahrung lernen die Tiere, sich unauffällig zu verhalten. Wenn zum Beispiel im Morgengrauen und in der Dämmerung viel Betrieb im Wald herrscht, können sie ihren »Fresszeitplan« ändern, um mitten am Tag Nahrung zu sich zu nehmen, damit sie im entscheidenden Moment nicht gestört werden.

Zurück im Wald und nach einer Ruhe- beziehungsweise Verdauungspause von einer guten Stunde, durchqueren wir ein Waldstück, das aufgeforstet wurde. In dieser monotonen und geradlinigen Landschaft nehmen wir zarte Blätter und junge Pflanzen zu uns, die erst so hoch sind wie Sträucher. Eichen, Eschen, Wildkirschen, diese forstwirtschaftlich interessanten Arten scheinen auch meinen »kleinen Daguet« anzuziehen. Es ist die Zeit des Knospenaufbruchs, und die jungen Pflanzentriebe sind eine Quelle andauernder Begeisterung. Wie Kinder in einem Süßwarenladen springen wir herum, vor uns die schönsten und schmackhaftesten Leckereien.

Manchmal frisst Daguet die Endknospe einer Pflanze. Diese Gipfelknospen schmecken vermutlich nicht besser als die Seitenknospen, aber man muss vorausschauend sein, da diese jungen Bäume nicht ihr ganzes Leben lang klein bleiben. Sie müssen daher gehegt werden, um den Nahrungsreichtum aufrechtzuerhalten. Die Rehe sind also quasi die Gärtner des Waldes, die sich um die Vegetation kümmern.

Dieser Verbiss verursacht kein Pflanzensterben, sondern beeinflusst das Wachstum des Baumes, der manchmal eine buschige Form mit mehreren Astgabeln annimmt. Für die Förster haben diese buschigen Bäume keinen Wert mehr, sie sind »wirtschaftlich gesehen« tot. In der Natur ist dies jedoch anders, wo jedes Individuum auf Außenreize reagiert und sich so gut wie möglich schützt. Das Leben findet immer einen Weg, und man muss darauf vertrauen. Die in der Mitte dieser Parzelle gepflanzten Laricio-Kiefern und Fichten sind für Daguet zumindest aus ernährungsphysiologischer Sicht uninteressant. Allerdings können sie uns im kommenden Winter bei Nahrungsmangel doch noch nützlich werden.

Allmählich verlassen wir dieses Waldstück und gehen einen kleinen Pfad hinauf, an dem Birken und Faulbäume wild durcheinander und höchst anarchisch wachsen. Nachdem wir eine große Menge an Pflanzenteilen gefressen haben, suchen wir uns einen Platz für unsere Verdauungspause. Dabei nähern wir uns dem Revier von Harry, einem sehr mächtigen Rehbock. Genau wie Sipointe ist Harry während des Zeitraums der Reviermarkierung sehr temperamentvoll, und ich bin wegen meines leichtsinnigen Freundes etwas beunruhigt. Ich laufe hinter Daguet her, und je länger ich seinen Schritt beobachte, desto mehr fällt mir auf, dass er irgendwie torkelt. Er wirkt sonderbar auf mich, scheint nicht ganz bei sich zu sein. Er ist nämlich sehr laut, grunzt ohne Grund und wagt es sogar, in Harrys Revier Ruflaute von sich zu geben. Der wiederum lässt nicht lange auf sich warten. Ich erkenne die Silhouette dieses imposanten Bocks: Er ist groß, muskulös und hat ein riesiges Geweih.

Daguet läuft sehr selbstbewusst und ungezwungen auf den stärksten Platzbock dieser Gegend zu. Er hüpft fröhlich herum, was Harry anscheinend verwirrt. Plötzlich bellt dieser sehr laut in Richtung Daguet, der einen Augenblick lang erstarrt und sich dann Harry mit einem erst recht dümmlichen Gesichtsausdruck zuwendet, als ob er sagen wollte: »Hast du den Verstand verloren? Du hast mir Angst eingejagt!« Wütend rast Harry nun auf Daguet zu, der weiter seinen Blödsinn treibt, einfach stehen bleibt und Harry bis auf wenige Zentimeter herankommen lässt. Verwirrt und überrascht weicht Harry ein Stück zurück und stürmt dann erneut auf Daguet los. Dieser bekommt einen Schubs in die Seite, fällt hin, jammert ein wenig, steht danach jedoch wieder auf, als ob nichts wäre. Vollkommen verwirrt bekommt es der größte und stärkste Rehbock nun mit der Angst zu tun, entfernt sich etwas und stößt noch lautere Belllaute aus. Daguet läuft jetzt zu mir und versteckt sich einfach hinter mir. Das gefällt mir gar nicht, denn wenn Harry erneut losstürmen würde, möchte ich ungern zwischen den beiden sein.

Harry zieht sich jedoch bellend und äußerst unzufrieden zurück. Bestimmt wird er am Abend wiederkommen, um erneut sein Revier zu markieren. Wir kehren in Daguets Aktionsraum zurück. Immer noch ein bisschen mitgenommen, stellt er sich unter einen Baum am Rande der Lichtung. Er lehnt sich gegen den Stamm und schaut mich an. Jetzt wird klar: Da muss er wohl durch! Denn Daguet ist ganz einfach betrunken!

Im Herbst speichern die Pflanzen große Mengen an Alkaloiden, Saponoiden und Polyphenolen sowie andere Substanzen in ihren Zellen, um so ihre Knospen zu schützen und die Winterkälte zu überstehen. Sie produzieren gewissermaßen eine Art Frostschutzmittel, das bei Rehen dieselbe Wirkung erzeugt wie starker Alkohol, sodass man manchmal lustige Szenen beobachten kann mit Tieren, die auf Waldwegen herumtorkeln. Vor einigen Jahren hatte sich ebenfalls hier im Departement Eure in der Nähe des Städtchens Bourgtheroulde-Infreville ein Reh unter den Küchentisch eines Hotelrestaurants gelegt und wollte nicht mehr gehen. Es dauerte lange, bis man es von dort vertreiben konnte. Da die Menge dieser Substanzen von Pflanze zu Pflanze variiert, sind nicht alle Rehe betroffen, nur die, die den Hals nicht voll genug bekommen können!

7

Früh am Morgen überkommt mich eine überschwängliche Freude. Daguet zähmt mich inzwischen immer mehr und kommt sogar bis an meine Füße heran, um den Geruch meiner Schuhe aufzunehmen. Er beobachtet, was ich tue, bleibt aber dabei sehr wachsam. Mir fällt auf, dass er vor allem meine Hände anschaut, als er sich nähert, bestimmt aus Angst, dass sie nach ihm greifen könnten. Ich lege jedoch meine Arme eng am Körper an und halte die Handflächen nach oben, damit er daran schnuppern kann. Das beruhigt ihn, und er sieht, dass ich mich nicht bewege. Ich widerstehe der Versuchung, ihn zu streicheln, obwohl sie natürlich sehr groß ist.

Gemeinsam laufen wir in den Kiefernwald, Sipointes Revier. Ich weiß nicht, ob es als Provokation gemeint ist, aber Daguet scheint sicher zu sein, dass er dort hineinwill. Es ist sehr früh und noch dunkel. Der neue Tag bricht gerade an, und es sind leise Geräusche zu hören. Daguet erfasst sie mit seinem außergewöhnlichen Gehör sofort und macht sich auf die Suche, wahrscheinlich um herauszufinden, woher sie kommen. Wir gehen vorsichtig weiter. Daguet bleibt immer wieder stehen, nimmt Witterung auf, und irgendetwas scheint ihn zu faszinieren. Er hat keine Angst, sondern ist neugierig.

Plötzlich kann ich einige Meter entfernt von mir im Dämmerlicht schemenhaft Étoile ausmachen. Sie liegt dort allein ohne Sipointe an ihrer Seite. Als sie Daguet bemerkt, wittert sie in unsere Richtung, steht keuchend auf und trottet, mühsam und leise Belllaute ausstoßend, auf uns zu. Daguet zieht sich mit kleinen Schritten diskret zurück. Ich würde ihm gern folgen, aber ich mache mir Sorgen um Étoile, der es gar nicht gut zu gehen scheint. Also lasse ich meinen Freund ziehen und beobachte Étoile ein Weilchen. Für Juni ist dieser Morgen überaus frisch. Étoile hat mich gesehen und am Geruch erkannt. Seit einigen Wochen habe ich Sipointes, aber mehr noch Étoiles Vertrauen gewonnen, die sich über meine Anwesenheit anscheinend wundert. Sie ist eine sehr erfahrene Geiß, und obwohl wir noch nichts Außergewöhnliches zusammen erlebt haben, nimmt ihre Neugier bei unseren Begegnungen nicht ab.

Diese kleine, sehr intelligente Geiß hat meinen größten Respekt. Sie bleibt stumm, legt sich ungefähr zehn Meter von mir entfernt wieder hin und fixiert mich für mehrere Minuten, bevor sie in leichten Schlaf fällt. Zumindest glaube ich das. Ich bewege mich nicht, und einige Zeit später öffnet sie etwas die Augen, den Blick immer noch auf mich gerichtet. Das war eine List, sie wollte sehen, ob ich mich ihr nähern würde, sobald sie schliefe. Wenn man mit Rehen spielt, sollte man sich nie für schlauer halten als sie, sonst verliert man ihr Vertrauen. Die Minuten verstreichen, und ich merke, dass sie sich entspannt, ihr Vertrauen in mich nimmt zu.

Einen langen Augenblick später steht sie vorsichtig auf, sichtlich geschwächt. Sie zittert am ganzen Körper, als ob sie jeden Moment zusammenbrechen würde. Sie macht einen Schritt nach vorne und bleibt dann stehen. Ich bete aus tiefster Seele, dass sie nicht ernsthaft krank ist. Dann sehe ich einen dünnen Strom Flüssigkeit aus ihrem Hinterteil rinnen. Einige leise Stöhnlaute kommen aus ihrem Maul, und ich merke, dass sie sich unglaublich anstrengt, um die Schmerzen auszuhalten. Ich gehe ein paar Schritte zur Seite, um einen besseren Blick auf ihre Rückseite zu erhalten. In dem Moment wird mir klar, dass sich das größte Geschenk, das uns das Leben geben kann, vor meinen Augen abspielt. Sie bringt gerade Junge zur Welt!

Die Schmerzen waren Wehen, und ich erlebe die Geburt von kleinen Kitzen, die noch Schwierigkeiten haben, aus dem Mutterleib zu kommen. Ich glaube, das ist der Grund, warum Sipointe nicht da ist. Für gewöhnlich wollen die Geißen die Böcke nicht in der Nähe haben, wenn die Geburt kurz bevorsteht. Zwei zitternde Beine, die die Plazenta durchstoßen haben, hängen jetzt in der Luft. Ich bin so glücklich und nah bei Étoile, dass ich ihr beinahe bei der Geburt helfen möchte! Aber ich bleibe vernünftig und lasse sie in diesem Moment der Intimität mit ihren Kitzen in Ruhe. Ich teile ihren Schmerz, und bei jedem leisen Stöhnen nehme ich die große Anstrengung dieser kleinen, tapferen Geiß wahr. Erste Wehe – nichts. Zweite Wehe – immer noch nichts. Sie presst noch einmal, man sieht, wie schwer es ihr fällt. Die Minuten vergehen, noch eine Wehe kommt und noch eine, und dann kommt plötzlich das kleine Kitz heraus und fällt mit einem Poltern auf den Boden, das seinem Gewicht entspricht: Bam! Da bist du ja, Kleiner, willkommen auf der Erde!

Ich fühle eine riesige Freude in mir, als ob ich ihn selbst auf die Welt gebracht hätte. Und ich empfinde Stolz für meine kleine Geiß, die ganz ohne Hilfe und allein mit den Schmerzen diese Prüfung des Lebens gemeistert hat. Ich warte auf ein zweites Kitz, aber es kommt keines mehr. Es bleibt bei dem einen, einem kleinen Männchen, das ich Chévi taufe.

Étoile gibt sich ein paar Augenblicke Zeit, um sich von den Strapazen zu erholen, und wendet sich dann ihrem Kitz zu. Chévi zittert am ganzen Körper. Sie leckt ihn ab, um ihn zu trocknen, aber auch, um das Band zwischen ihnen zu knüpfen, das sie in Zukunft miteinander vereinen wird. Sie frisst die Plazenta auf, die noch an manchen Stellen an ihm klebt. Sollte ein Fuchs oder ein anderer Räuber die beiden entdecken, wäre das Kitz sofort in Gefahr, da es noch nicht laufen kann und die Mutter von der Geburt noch sehr geschwächt ist. Nachdem die Säuberung von Chévi beendet ist, schaue ich mir dieses winzige Kerlchen genauer an, das von der Zunge seiner Mutter ganz zerzaust ist.

Nach einer Stunde versucht der große Junge bereits, ganz allein aufzustehen. Der erste Versuch misslingt. Der zweite klappt schon besser, doch Chévi fällt nach einigen Sekunden hin, steht aber sofort wieder auf und macht drei unsichere Schritte durch das Gras. Noch erschöpft von der Anstrengung seiner Geburt, sinkt das kleine Kitz in sich zusammen und schmiegt sich an seine sanfte Mutter.

Etwas später steht Chévi wieder auf, dieses Mal schon sicherer auf den Beinchen, geht auf eine der vier Zitzen zu und beginnt mit Heißhunger, daran zu nuckeln. Seine Mutter wird ihn fünf Monate lang säugen. Sie kuschelt sich an ihn und scheint schlafen zu wollen. Ein letztes Mal leckt sie seinen ganzen Körper ab und einmal kurz und liebevoll über das kleine Maul, dann dreht sie den Kopf in meine Richtung. Offensichtlich überrascht, starrt sie mich einen langen Moment an. Bei all den Anstrengungen hat sie bestimmt meine Anwesenheit vergessen. Ganz langsam drehe ich mich um und schleiche zu Daguet zurück, das Herz leicht und noch vollkommen überwältigt von all diesen Emotionen.

Étoile schaut mir nach. Ich weiß, dass Chévi die ersten Wochen versteckt im Unterholz verbringen wird. Wenn er etwas kräftiger geworden ist, wird er hinter seiner

Mutter herlaufen. In der Zwischenzeit muss ich ihn in Ruhe lassen. Auch wenn Étoile mich gut kennt, weiß ich nicht, wie sie reagieren würde, wenn sich mein Geruch mit dem ihres Kitzes vermischen würde. Ich gehe also lieber kein Risiko ein und lasse ihn in Frieden. Ich kenne schon Daguet, Laflèche und einige andere Rehe, und vielleicht werde ich später einmal die Ehre haben, Chévi wieder zu begegnen, wenn er hinter seiner Mutter hertrabt.

Für eine Geiß ist eine Geburt alles andere als ein Vergnügen. Die Geburten erfolgen zeitversetzt, zwischen der des ersten und des zweiten Kitzes können manchmal mehrere Stunden liegen. Die intensiven Anstrengungen bei der Geburt schwächen die Mutter, und bei einer falschen Lage des Kitzes kann sie sterben. Das bedeutet dann drei Todesfälle auf einmal, denn die kleinen Kitze können von ihrer Mutter nicht gesäugt werden und verhungern tragischerweise einige Stunden später. Todesfälle sind leider häufig, da die Geiß ihre Kitze naturgemäß an unterschiedlichen Orten ablegt. Das erstgeborene Kitz wird womöglich das Opfer eines Fressfeindes oder stirbt an Unterkühlung, wenn die Mutter nicht schnell genug zurückkehrt.

Die ersten etwa zwölf Monate sind für das Überleben der Kitze entscheidend. Im ersten Monat ist die Sterblichkeit am höchsten, was übrigens für männliche und weibliche Kitze gleichermaßen gilt. Junge Geißen unter zwei Jahren haben im Allgemeinen noch nicht die notwendige körperliche Reife, um Junge zu bekommen. Sie pflanzen sich nicht oder nur selten fort, wiegen weniger als zwanzig Kilogramm. Étoile hat nur ein Kitz, weil sie jung ist und schätzungsweise nur zwanzig Kilo wiegt.

Ich stelle fest, dass die Anzahl der Kitze meiner Rehfreundinnen unmittelbar von ihrem Gewicht abhängt. Je leichter eine Geiß ist, desto weniger Kitze wird sie haben. Inzwischen habe ich zwar in einem benachbarten Wald (Lyons-la-Forêt) mit einem riesigen Nahrungsangebot eine Geiß kennengelernt, die Drillinge bekommen hat, aber sie wiegt auch mindestens dreißig Kilo. Dieses Phänomen trägt zur Selbstregulierung der Art bei Fehlen von Fressfeinden bei.

Einige Weibchen wie Magnolia, die Sie später noch kennenlernen werden, haben einen nur schwach entwickelten Mutterinstinkt. Viele von ihnen verlieren ihren gesamten Wurf, während andere, hingebungsvollere Geißen dank ihres dominanten Charakters einen hochwertigen Lebensraum mit einem üppigen Nahrungsangebot für sich und ihre Jungen erobern können. Dies ermöglicht ihnen die Produktion reichhaltiger Milch für die kleinen Kraftpakete. Charaktereigenschaften werden weitergegeben, und jedes Jahr wiederholt sich die gleiche Szene, was sich dauerhaft auf den Fortbestand einer ganzen Abstammungslinie auswirken kann.

Wie alle anderen Kitze verbringt Chévi seine ersten Tage nach der Geburt versteckt im Gebüsch oder Dickicht, wo seine Mutter ihn in Sicherheit weiß und er kräftiger werden kann. Sobald diese kritische Phase überstanden ist, wird Chévi seiner Mutter mit einer erstaunlichen Beweglichkeit fast überallhin folgen können. Und um ihn zu beschützen, legt Étoile wie viele anderen Geißen des Waldes eine unerschütterliche Hingabe ihrem Nachwuchs gegenüber an den Tag. Sie verscheucht Schlangen, schlägt Füchse in die Flucht, und im äußersten Notfall stellt sie sich sogar in die Schusslinie eines Jägers. Trotzdem ist die Sterblichkeitsrate durch natürliche Feinde vor allem im Frühsommer äußerst hoch, aber auch im Winter, wenn viel Schnee liegt. Die Kitze kommen dann nur langsam voran, wodurch sie gefährdeter als erwachsene Rehe sind.

In dieser ersten Woche legt Étoile Chévi sicher ab, wenn sie auf Nahrungssuche geht, indem sie ihm mit einem leisen Ruf »befiehlt«, bis zu ihrer Rückkehr im Unterholz liegen zu bleiben. So kann sie ihn für einige Stunden allein lassen. Glücklicherweise ist Chévis Fell eine wirksame Tarnung: weiße Flecken auf einem bräunlichen Untergrund. Im Laufe des Juli wird diese klare Zeichnung sehr schnell verblassen, möglicherweise bereits in den ersten Wochen nach seiner Geburt. Im August ist das anfängliche Muster auf dem Fell schon kaum mehr zu erkennen, und Ende September entwickelt sich ein dichtes Winterfell, welches bereits in vielerlei Hinsicht dem der erwachsenen Tiere ähnelt. Seine Kehle weist dann auch den weißen, genau abgegrenzten Fleck auf, der als »Drosselfleck« bezeichnet wird.

Ich verbringe den weiteren Tag mit Daguet, aber ich kann nicht aufhören, an dieses kleine Kitz zu denken, das so winzig und zerbrechlich ist und nun nicht weit entfernt von mir lebt (das ist das erste und einzige Mal, dass ich einer Geburt beiwohne). Die Bilder gehen mir immer wieder durch den Kopf. Ich bedaure, dass ich keine Kamera dabeihatte, um diese schönen Momente zu verewigen. Ja, ich habe noch nicht einmal ein Foto von Étoile aus dieser Zeit.

Ich bin so sehr in meine Gedanken versunken, dass ich schließlich Daguet aus den Augen verliere, der vor mir herlief und offensichtlich nicht auf mich gewartet hat. Ein Unwetter braut sich zusammen. Ich glaube nicht, dass es heftig wird, aber ich ziehe es trotzdem vor, unter die Kiefern zurückzukehren, zwischen denen der Wind nur schwer durchpfeifen kann. Ich setze mich hin. Eine Stunde später kreuzt Sipointe meinen Weg, der noch nicht weiß, dass er Vater geworden ist. Ich versuche, ihm zu folgen, und er spielt ein bisschen mit, aber mit Sipointe ist es immer kompliziert. Obwohl wir schon einige Zeit zusammenleben und er ganz genau weiß, dass ich ihm nichts Böses will, und obwohl er meine Anwesenheit ohne Probleme akzeptiert, wenn ich ihm folge, habe ich immer noch den Eindruck, dass sein Kopf es zwar begriffen hat, sein Körper sich aber dennoch sträubt. Dies verleiht ihm eine seltsame Körperhaltung: Die Vorderläufe gehen ganz normal, entspannt, im Einklang mit dem Kopf, aber sein angespanntes Hinterteil will schneller sein, so als wollte es den ganzen Körper überholen. Ich erweitere also den Abstand, um ihn nicht zu hetzen.

Bei dieser Art Übung darf man nichts aufzwingen, sondern nur vorschlagen. Er trifft die Wahl. Ich rede mit ihm, sage ihm, wie gern ich ihn umarmen, ihn streicheln und einen Moment seines Lebens mit ihm teilen würde. Ich bin davon überzeugt, dass der Klang meiner Stimme ihn beruhigt und sie eine wichtige Rolle bei der Akzeptanzarbeit spielt. Ich lasse ihn die Markierung seines Reviers beenden, entferne mich ein wenig und ziehe mich dann ganz zurück. Bevor es zu regnen beginnt, möchte ich mich noch für die Nacht vorbereiten. Dafür werde ich ein paar Tannenzweige abbrechen, um mir daraus eine »Matratze« zurechtzulegen, auf der ich mich eine Weile ausruhen kann. Das wird mir nach diesem intensiven Tag voller Emotionen guttun. Es ist Sommer, das muss man nutzen!

8

Der Sommer ist bereits weit fortgeschritten, das wachsende Vertrauen, das Daguet mir entgegenbringt, ist eine große Ehre für mich. Es ist heiß, der Himmel tiefblau, und die Sonne brennt. Am Vormittag bleibt es feucht, und um sich etwas abzukühlen, beschließt Daguet, sich in das hohe Gras einer Lichtung zu legen, die ich »Fuchslichtung« nenne. Hier habe ich im Alter von vierzehn Jahren ein Foto der ersten Geiß meines Lebens gemacht. Mehrere Wochen später kehrte ich dorthin zurück in der Hoffnung, ich würde sie wieder antreffen. Aber ein schöner Rotfuchs hatte sich in der Nähe niedergelassen und gewiss die Ausflüge meiner Geiß ausgebremst. Außerdem war zu jener Zeit der Frühling fast vorbei. Hätte sie Junge erwartet, hätte sie sich bestimmt nicht mehr so weit vorgewagt.

Daguet frisst einige Gräser; ich nutze die Gelegenheit, um Wassermelonen und Melonen zu »borgen«, die Jäger am Fuß junger Apfelbäume platziert haben, deren

Stämme durch Holzpflöcke und Maschendraht geschützt sind. Diese »Päckchen« sind nicht für mich bestimmt, aber ich bin sicher, dass die Wildschweine mir nicht böse sein werden, wenn ich mich an ihren Geschenken bediene. Sie sind schon dick genug.

Mit dem Bauch voller Früchte lege ich mich in die Lichtung. Daguet gesellt sich zu mir, und zu meiner Überraschung kommt er ganz nah, schmiegt sich an mich und sieht mich zufrieden und voller Vertrauen an. Ich spüre seinen warmen Körper an meinem Bein. Er rollt sich zusammen, indem er seinen Kopf unter sein Knie legt, und ruht sich aus. Ich möchte so gern meine Hand auf sein Fell legen, um ihn zu streicheln, habe aber zu viel Angst, dass es ihm nicht gefällt und ihn davon abhalten wird, mir je wieder so nahe zu kommen.

Kurz darauf hebt er leicht den Kopf, sieht mich gähnend an und legt ihn auf meinem Oberschenkel ab, auf dem auch meine Hand ruht. Ich nutze die Gelegenheit, um mit dem Daumen seine Wange zu streicheln. Es scheint ihm zu gefallen. Langsam ziehe ich meine Hand zurück und lege sie auf seinen Rücken. Ich streichle ihn lange und beobachte seine Reaktionen. Entspannt schließt er die Augen. Von Zeit zu Zeit zittern seine Muskeln ein wenig. Man muss sich darüber im Klaren sein, dass dies ein Tier ist, das menschliche Liebkosungen überhaupt nicht kennt, daher ist das eine ganz normale Reaktion. Ich zittere ebenfalls, denn auch für mich ist dies das erste Mal. Die Muskelspannung in seinem Körper lässt langsam nach, während ich ihn streichle, und schließlich schläft er friedlich ein. Gelegentlich wimmert und grunzt er und tritt ein wenig mit den Füßen aus. Er träumt bestimmt. Offensichtlich schläft er tief und fest, da ich sein Gewicht immer stärker an meinem Körper spüre.

Das Reh ist nicht gerade für sein Bedürfnis nach Körperkontakt bekannt. Dennoch kommt es oft vor, dass zwei Tiere, die Gefallen aneinander gefunden haben, sich gegenseitig säubern. Die Zuneigungsbekundungen wiederholen sich sogar unabhängig vom Zeitpunkt im Jahr. Ganz zu schweigen von der Paarungszeit, in der sie viel häufiger auftreten, denn es geht schließlich darum, seine Geliebte zu »umwerben«. Daguet scheint auf jeden Fall meine Streicheleinheiten zu schätzen, und ich gebe sie ihm gerne.

Wir genießen immer noch diesen friedlichen Vormittag, die Bienen schwirren um unsere Köpfe und sammeln den Nektar aus den Blumen, die auf der Wiese verstreut wachsen. Kein Geräusch stört die Glückseligkeit dieses Augenblicks. Ich nutze die Gelegenheit und betrachte eine Weile den weiten Horizont, denn das Leben im Wald lässt nie zu, weiter als zwanzig oder dreißig Meter zu sehen. Es fühlt sich gut an, einmal frei durchatmen zu können.

Plötzlich bemerke ich Wanderer in der Ferne. Sie kommen auf uns zu, aber ich schenke ihnen keine besondere Aufmerksamkeit. Sie laufen auf einem Wanderweg, und wir sind in dem hohen Gras gut versteckt. Kurze Zeit später sehe ich, dass sie auf unsere Wiese treten und direkt auf uns zugehen, während Daguet immer noch friedlich schläft. Jetzt sind sie genau auf einer Höhe mit uns. Ein Mann und eine Frau, beide ungefähr fünfzig Jahre alt, die stumm und geräuschlos mit einem Stock in der Hand gleichmäßigen Schrittes an uns vorbeilaufen. Daguet schläft immer noch. Ich wappne mich aufzuspringen, sobald Daguet den verdächtigen Geruch wahrnimmt oder ein Auge öffnet, weil er die Leute vorbeigehen hört – aber es passiert nichts, absolut nichts! Er schläft tief und fest.

Die beiden Wanderer grüßen mich kurz, was ich erwidere. Sie lächeln mir zu und setzen ihren Weg fort. Ich kann es nicht fassen! Auf meinen Knien liegt ein Reh, das ich streichle, Daguet, der sich kein bisschen rührt, weil er sich so wohlfühlt. Die Wanderer haben bestimmt gedacht, das sei mein Hund. Ich bin völlig fassungslos!

Eine Viertelstunde später erwacht mein Dornröschen und entfaltet sich wie eine Blüte. Er hebt den Kopf, betrachtet ein wenig die Umgebung, leckt sich einmal über das Maul, reckt den Kopf witternd in die Luft und steht auf. Er streckt sich der ganzen Länge nach, schnaubt und leckt sich dann das Fell, als ob nichts passiert wäre – und offensichtlich ist es seiner Meinung nach auch so. Ich stelle mir vor, dass er sich sicher bei mir fühlt. So konnte er sorglos schlafen und seine Wachsamkeit außen vor lassen, indem er einem Freund vertraut und diese schwere Last zu überleben einen Moment lang abgegeben hat.

»Mein Freund, ich hoffe, du weißt, dass es eine Ehre für mich ist, auf dich aufzupassen!«

9

Daguet und ich verlassen die Lichtung und gehen hinein in den Wald. Während er einige Brombeeren frisst, die dort am Waldrand wachsen, schleiche ich mich so leise wie möglich davon, damit er mir nicht zu Sipointes Territorium folgt. Um Unstimmigkeiten zu vermeiden, tue ich stets alles dafür, dass Daguet und Sipointe sich nicht begegnen.

An der Biegung eines Baches treffe ich auf Étoile, gefolgt von Chévi. Ich sage mir, dass dies eine gute Gelegenheit ist, mich von dem kleinen Kitz zähmen zu lassen. Er wurde vor drei Monaten geboren, ist jetzt entwöhnt, und bis zum Ende des Winters wird er alles von seiner Mutter lernen. Er ist topfit, was mich beruhigt, denn für ein Leben in dieser feindlichen Umgebung muss man stark sein. Viele Kitze sterben ja innerhalb ihres ersten Lebensjahrs. Im Wald lauern viele Gefahren. Endoparasiten wie der Lungenwurm und der Leberegel oder Ektoparasiten wie die Dassel, die Rehlausfliege und in seltenen Fällen Hautdasseln. Aber auch zu nasse Kälteperioden können den Gesundheitszustand des Kitzes beeinträchtigen oder sogar zu dessen Tod führen. Natürlich bin ich immer sehr traurig, wenn ich so einen kleinen leblosen Körper finde. Doch diese Tode betrachte ich als natürlichen Regulierungsprozess der Art, durch den das biologische Gleichgewicht im Wald bewahrt wird, wenn wir der Natur diese Aufgabe überlassen und niemals eingreifen.

Die wenigen Male, die ich Chévi bisher begegnet bin, habe ich nie versucht, mich ihm zu nähern. Das war zu gefährlich für ihn, denn er hätte immer noch meinen Geruch mit dem seiner Mutter verwechseln können, und sie hätte ihn dann auf jeden Fall verlassen. Ich glaube, es wird bestimmt ein großes Vergnügen, mich von Chévi zähmen zu lassen. Seine Mutter hat Vertrauen zu mir gefasst, sein Vater kennt mich schon sehr gut, und da Chévi ein Jungtier ist, das noch keine vorgefassten Meinungen über die Welt hat, wird er wohl kein Problem damit haben, wenn ich mich ihm jetzt nähere.

Doch da habe ich mich ganz schön getäuscht! Ich gehe auf Étoile zu, die mir vertraut und dies stillschweigend zulässt. Chévi liegt einige Schritte von ihr entfernt ganz ruhig da. Er beobachtet das Ganze interessiert, aber nur, weil er das irgendwie lustig findet und weil er noch, so glaube ich zumindest, seiner Mutter vollkommen vertraut. Ich nähere mich ganz vorsichtig und setze mich einige Meter entfernt von ihm hin. Er fixiert mich, die

Ohren aufgerichtet und mir zugedreht, schaut ein paarmal verstohlen zu seiner Mutter hinüber, um zu sehen, wie sie reagiert. Aber sie unternimmt immer noch nichts, ja, sie schaut nicht mal in unsere Richtung.

Mit seinen großen, hochempfindlichen Ohren, die er unabhängig voneinander überallhin ausrichten kann, reagiert Chévi auf das geringste verdächtige oder ungewohnte Geräusch und ist sofort angespannt und wachsam. Mit der Zeit wird er lernen, zwischen Alltagsgeräuschen und solchen, die Gefahr bedeuten, zu unterscheiden. Zum Beispiel werden das Tuckern eines Traktors oder das Kreischen einer Kettensäge beim Baumfällen als »unverdächtige« Geräusche eingestuft, weil sie normal in seinem täglichen Klangumfeld sind, während das Knacken eines Zweiges, wenn alles sonst still ist, ihn unweigerlich in höchste Alarmbereitschaft versetzen wird.

Chévi streckt die Nase witternd in die Luft und scheint es mit der Angst zu tun zu bekommen, dann steht er auf und läuft eilig zu seiner Mutter. An seinem Hinterteil stellen sich die Haare auf, eine direkte Folge seiner wachsenden Unruhe. Die Haare am Gesäß, die sich durch das Zusammenziehen der subkutanen Muskeln aufstellen, bilden ein Warnsignal von makellosem Weiß, das gut zu sehen ist, und ermöglichen es einer Familie zusammenzubleiben, falls ein Fressfeind sie verfolgt, der sieht, wie ein schöner weißer Fleck in den Wald läuft, bis das Reh abdreht… und dann ist der weiße Fleck plötzlich verschwunden! Ein gutes Ablenkungsmittel. Gleichzeitig senden seine Duftdrüsen eine Substanz in die Luft aus, um die anderen Rehe, die sich möglicherweise in der Umgebung aufhalten, vor einer unmittelbaren Gefahr zu warnen.

Ich laufe ein ganzes Stück von Chévi entfernt hinter ihm her, denn er rennt schon fast und springt dabei hin und her. Étoile dreht sich zu uns um, weil sie sehen will, wer hier so einen Aufstand macht, dann schaut sie uns kurz an, um danach normal weiterzulaufen. Chévi hängt sich praktisch an das Bein seiner Mutter, als ob er in Todesgefahr wäre. Er fiept ein wenig und wirft ihr schnelle Blicke zu, als wollte er sagen: »Siehst du denn nicht dieses komische, riesige Ding, das schon seit einer Weile hinter uns her ist?« Selbst wenn Étoile seine Angst nicht sehr zu beachten scheint (sie weiß ja, dass ich nicht gefährlich bin), strahlt Chévi so viel Panik aus, dass jetzt auch seine Mutter langsam ein wenig unruhig wird. Mir wird klar, dass Chévi eine instinktive Angst Menschen und Tieren wie Wildschweinen und sogar Eichhörnchen gegenüber in sich trägt. Und nichts wird seine Meinung ändern, nicht einmal seine Mutter. Vielleicht braucht er einfach noch ein wenig Zeit, um zu begreifen, dass ich harmlos bin.

Kurz darauf, als ich neben seiner Mutter gehe und gar nicht mehr die Absicht habe, mich ihm zu nähern (ich habe ihn bereits aus den Augen verloren), rennt Chévi nach dem Auftauchen auf der Stelle wieder weg wie der Blitz. Sofort läuft Étoile ihm hinterher, ohne groß nachzudenken, vielleicht meint sie auch, dass irgendeine Gefahr drohe. Auch ich denke nicht weiter nach und folge ihr. Als wir beide Chévi erreichen, rast er gleich wieder los, so schnell er kann. Étoile folgt ihm wieder, und ich tue dasselbe.

Also, ich begreife das nicht, es besteht doch überhaupt keine Gefahr! Alles um uns herum ist ruhig und friedlich. Dieses Spielchen beginnt noch mehrmals von vorn und macht Étoile allmählich nervös. Je länger wir laufen und je unruhiger Chévi wird, desto ängstlicher wird seine Mutter. Inzwischen ist jeder von uns sichtlich aufgeregt. Ich lasse ihn vorlaufen und sich von mir entfernen, um die Anspannung ein wenig zu senken. Er bleibt stehen, wartet auf seine Mutter und beruhigt sich langsam. Ich lasse die beiden gehen, ohne weitere Versuche anzustellen, mich dem Kleinen zu nähern, weil ich ihn nicht unnötig erschöpfen will; außerdem möchte ich bei ihm auch keine Ablehnungshaltung gegen mich aufbauen, die ihn später daran hindern würde, mit mir zusammen zu sein.

Ich stelle fest, dass Rehkitze, selbst die sehr jungen, nur in den allerersten Lebenswochen ihrer Mutter blind vertrauen und dass sich ihr individueller Charakter und ihr »freier Wille« im selben Maß entwickeln, wie sie größer werden. Chévi begnügt sich keineswegs damit, seine Mutter nachzuahmen, er lernt durch Hören und Beobachten und wird dabei von seinem eigenen Instinkt geleitet. Er kann zwar sehen, dass seine Mutter mir vertraut, aber er ist im Moment noch nicht in der Lage, das zu verstehen; es jagt ihm Angst ein. Er achtet noch nicht auf die unterschiedlichen Körperhaltungen, die ich ihm gegenüber einnehme, und deutet sie nicht, da er keine Vergleichsmöglichkeit hat. Denn im Gegensatz zu seinen Eltern hatte er noch nie Kontakt mit anderen Menschen wie zum Beispiel Joggern, Jägern oder Forstarbeitern. Sein Überlebensinstinkt ist stärker als alles andere, und überwältigt von seinen Gefühlen, flieht er. Ich gebe also die Idee auf, mich mit ihm anzufreunden, da er im Moment noch zu »wild« dafür ist. Mit der Zeit wird er mich vielleicht akzeptieren, wie sein Vater und seine Mutter es nun tun; wir werden sehen!

10

Der Herbst hat sich über den Wald gelegt und die Blätter der Bäume in tausend Farben getaucht, in Nuancen von Blassgelb bis Tiefrot. Wenn diese Jahreszeit beginnt, erinnere ich mich immer gern an die alte Legende der Huronen-Wendat. Für die kanadischen Ureinwohner lautet der göttliche Name für ihren Weißwedelhirsch, der wie unsere Rehe zu den sogenannten Trughirschen gehört, Dehenyanteh – was »Der, für den der Regenbogen einen Weg aus Farben geschaffen hat« bedeutet.

Der Hirsch beneidete die kleine Schildkröte, die den Himmel bewachte, er wollte die Große Insel verlassen, und mehr als alles andere sehnte er sich danach, Zutritt zum Großen Blauen Himmel zu erlangen. Um sich seinen brennenden Wunsch zu erfüllen, befragte er den Donnervogel. Der riet ihm, auf einem Regenbogen zum Himmel aufzusteigen. Der Hirsch wartete daher den

Frühling ab, und beim ersten Regen, den Hinon geschickt hatte, nahm er den vom Regenbogen geschaffenen Weg. Auf diese Weise fand er sich rasch im Himmel wieder, wo er herumspringen durfte, wie es ihm gefiel. Zur gleichen Zeit versammelte sich der Rat der Tiere, und niemand konnte den Hirsch finden. Der Wolf durchsuchte den Wald, während der Falke mit seinen scharfen Augen das Himmelsblau erforschte. Und dann sahen alle den Hirsch, wie er dort oben fröhlich und flink herumtollte. Daraufhin beschlossen die Tiere, auf dieser bunten Brücke, die in allen Farben schillerte, selbst in den Himmel aufzusteigen. Der Bär warf nun dem Hirsch vor, er würde nur an sich selbst denken und alle anderen Tiere, die auf der Großen Insel lebten, vergessen. Doch der Hirsch ging gar nicht auf die Vorwürfe ein, sondern forderte den Bären zum Zweikampf heraus, welcher auf der Stelle begann. Schnell wie der Blitz durchbohrte der Hirsch den Bären mit seinem spitzen Geweih. Der Bär war tödlich verletzt, und aus seinen Wunden floss das Blut in Strömen. Hinunter bis auf die Große Insel, wo es die Blätter der Bäume rot, in der Farbe des Bluts, färbte. Seitdem erinnert die Natur jedes Jahr im Herbst, wenn die Blätter der Bäume rot werden, an den Zweikampf zwischen Hirsch und Bär.

Der Überlieferung nach lässt all die Schönheit und Pracht des Herbstes, wenn die Natur stirbt, die Seelen der Verstorbenen wehmütig werden, denn sie erinnern sich dann wieder an ihr ehemaliges irdisches Zuhause. Selbst die Götter kehren zurück, um auf der Großen Insel zu wohnen, denn der Herbst ist eine spirituelle Zeit. Dann verlassen die Plejaden, die schönsten unter den Sternen, ihre himmlischen Regionen, um den Himmel der Großen Insel zu bevölkern.

Inzwischen liegt die Tagundnachtgleiche hinter uns, und je weiter die Jahreszeit voranschreitet, desto länger werden die Nächte bis zur Wintersonnenwende. In der Morgenkälte knabbere ich ein paar Esskastanien, die ich gestern Abend über dem Feuer geröstet habe. Ich habe genug zubereitet, um immer davon essen zu können, wenn ich Lust habe. Sie sind so etwas wie ein Snack für zwischendurch. Allzu viel Zeit sollte ich mir allerdings nicht damit lassen, sie zu verzehren, weil sie wegen der verdammten Nässe, die uns seit mehr als einer Woche nicht mehr verlassen will, schnell schimmeln. Die letzten davon habe ich gerade über einem Glutbett geröstet, das ich noch einige Tage erhalten werde. In einem luftdichten Beutel werde ich sie für später aufbewahren.

Hier den Winter zu überstehen erfordert Härte sich selbst gegenüber. Das Wichtigste ist, für Lösungen zu sorgen, wie man zu jeder Tages- und Nachtzeit und überall im Wald die Kälte bekämpfen kann. Ich kenne dafür nur eine Methode: im Wald verteilte kleine Vorräte an Totholz, das sind Äste, Tannenreisig, Baumrinde und Tannenzapfen, anzulegen. In puncto Ernährung habe ich mir inzwischen ein solides Wissen darüber angeeignet, was und wo es etwas hier in meinem Gebiet gibt. Selbst im tiefsten Winter findet man hier etwas zum Überleben: Wurzeln, einige Knollenarten, wilde Möhren. Als Proteinquelle habe ich mir einen Vorrat an Haselnüssen angelegt.

Leider habe ich entgegen meiner Hoffnung, ich könne darauf verzichten, immer noch das Bedürfnis, eine Verbindung zur Welt der Menschen aufrechtzuerhalten. Von Zeit zu Zeit kehre ich zu mir nach Hause, besser gesagt, zu meinen Eltern zurück, um dort ordentlich Kalorien und Wärme zu tanken. Aber seit einigen Monaten ist es ein merkwürdiges Gefühl für mich, wenn ich meinen Fuß auf Betonboden setze. Er ist so hart, so kalt, so perfekt eben. Das bin ich nicht mehr gewohnt. Ich esse eine Schale mit Quark, Cerealien und viel Zucker. Während ich die Akkus meiner Kamera auflade, werde ich von Gerüchen geradezu überfallen. Es riecht nach Kühlschrank, Reinigungsmittel, Heizung, Teppichboden, nach sauberer oder schmutziger Kleidung oder einfach nach den Menschen, die in diesem Haus wohnen. Bevor ich wieder aufbreche, lasse ich immer ein paar Packungen Nudeln, Dosen mit Thunfisch und Sardinen in Öl in meinem Rucksack verschwinden. Als Letztes muss ich noch in einem Geschäft vorbeischauen, um die beiden Dinge zu kaufen, die für mich dort draußen überlebenswichtig sind: luftdichte Beutel zur Aufbewahrung von Lebensmitteln und Streichhölzer zum Feuermachen.

Ich liebe es, im Morgengrauen spazieren zu gehen und den Aufgang der Sonne zu genießen – wenn sie sich denn zeigen mag. Aber an diesem Morgen streikt sie. In der Talsohle hängen die Wolken tief. Von der Weide, auf der ich mich befinde, kann ich gerade noch den Kirchturm des Dorfes unten erkennen. Das Gras riecht frisch, und die Kühe, die dort grasen, scheinen ihre eintönige Nahrung zu genießen. Ich lehne mich an den Pfahl eines Stacheldrahtzauns. Dort haben Spinnen ihre wunderschönen Netze gewebt, in denen Tautropfen glitzern. Ich fühle mich so wohl dabei zu beobachten, wie die Welt zu neuem Leben erwacht. Kleine Kaninchen spielen Verfolgungsjagd und stürzen sich dann gemeinsam auf ihre Mutter, zu dritt oder viert versuchen sie, sie umzuwerfen, um an ihre Zitzen zu gelangen und Milch zu trinken, die sie ihnen sicher nicht mehr gibt. Ein Dachs läuft brummend und schnaufend den steinigen Pfad hinauf. Es beruhigt mich, ihn so zu sehen, denn Dachse sind von Natur aus Griesgrame und wirken so, als wären sie nie zufrieden. Aber da die Straße unten im Tal für sie besonders gefährlich ist, ja tödlich sein kann, hoffe ich immer, dass sie von ihrem kleinen Ausflug lebend zurückkehren. Es wäre doch wirklich schade, nach einer guten Jagdnacht beim Nachhausekommen von einem gestressten Autofahrer auf dem Weg zur Arbeit überfahren zu werden. Die Buchfinken singen an diesem Morgen nicht, sie pfeifen vielmehr das Lied vom nahenden Regen. Das klingt so traurig für Vögel, die eigentlich so fröhlich sind! Und die Meisen tun es ihnen nun nach, das schlägt einem wirklich aufs Gemüt.

Der Nebel wird jetzt so dicht, dass man nicht einmal mehr den Waldrand erkennen kann. Ich sehe einen Kohlfuchs, genauer gesagt, eine Füchsin, die ich gut kenne, weil ich ihr schon mehrmals mit Daguet begegnet bin. Ich habe sie Térylle genannt, ein wunderschönes Tier. Ihre Brust ist strahlend weiß im Kontrast zu ihren grauen Beinen. Ihr Schwanz, der immer in perfekter gerader Linie den Bewegungen ihres Körpers folgt, ist prächtig voll und buschig.

Térylle ist wirklich eine wunderschöne Füchsin. Sie trottet am Zaun entlang, der den Wald begrenzt, bleibt einen Moment stehen und scheint zu überlegen. Ich bewege mich nicht, weil ich nicht will, dass sie mich sieht. Ich möchte sie gern »ganz natürlich« beobachten. Sie reckt die Nase witternd in alle Richtungen, senkt den Kopf, dann beginnt sie, die Weide zu überqueren, bleibt nun aber stehen und betrachtet die Kühe. So groß, wie sie sind, haben diese von der Füchsin nichts zu befürchten, nicht einmal die Kälber.

Térylle nähert sich der ersten Kuh, die versucht, ihr einen mit dem Hinterlauf mitzugeben. Dann steuert die Füchsin auf die nächste Kuh zu. Ihr kleines Spielchen macht mich neugierig. Eine Kuh, die im Gras liegt und ein wenig schläfrig wirkt, scheint die Füchsin, die sich ihr langsam nähert, nicht zu beachten. Térylle ist nicht auf der Jagd, ihr Verhalten ist nicht bedrohlich. Sie setzt sich vor die Kuh hin und fixiert sie. Diese schaut sie etwas dümmlich an und fährt fort, mit halb geschlossenen Augen wiederzukäuen.

Die Füchsin macht einen Schritt auf sie zu, noch einen, dann weicht sie rasch zurück. Sie beginnt von Neuem. Ein Schritt, noch ein Schritt und ein Satz zurück. Dieses Spielchen zieht sie mehrmals durch. Dabei beobachtet sie genau die Kuh, die sich immer noch nicht das kleinste bisschen bewegt. Nun nähert sich die Füchsin dem angeschwollenen Euter und beginnt, die Milch, die daraus hervorquillt, aufzulecken, die Kuh reagiert immer noch nicht. Térylle hält noch einmal kurz inne und schaut ein wenig ängstlich zu der Kuh hin, aber diese liegt weiter ungerührt da.

Ich fasse es nicht! Eine Füchsin hat mir gerade etwas gezeigt, worauf ich schon lange hätte selbst kommen müssen: Milch zu trinken! Gesättigt trottet Térylle mit kleinen Schritten davon und verschwindet im Nebel. Vorsichtig nähere jetzt ich mich der Herde und will versuchen, dort eine Kuh zu finden, die mich an sich heranlässt, ohne mir einen Tritt auf die Nase zu verpassen. Ich mache eine aus, die mir dafür geeignet zu sein scheint, kauere mich vor sie hin und fange an, sie zu melken. Ihr Euter ist prall geschwollen und von riesigen Adern durchzogen. Ich glaube, ich werde ihr so ein wenig den Druck nehmen. Es wird uns beiden guttun.

Glück pur! Wirklich das pure Glücksgefühl zu spüren, wie die lauwarme Milch mir die Kehle hinunterrinnt! Sie ist fett, dickflüssig und hat eine natürliche Süße, ich koste diesen intensiven Moment in Gesellschaft der Kühe aus.

Trinken ist einer der größten Glücksmomente, wenn man im Wald lebt, denn dort ist Trinkwasser nie in großer Menge verfügbar. Wasser zu finden ist an und für sich gar nicht so schwierig, denn die Pflanzen, die ich esse, sind morgens und abends mit Tau bedeckt, und ihre Blätter und Triebe bestehen zu einem großen Teil aus Wasser. Ich trinke also gewissermaßen, während ich esse. Auf diese Weise können Rehe übrigens pro Tag bis zu drei Liter Wasser zu sich nehmen, ohne zu einer Wasserstelle zu gehen. Aber unsere Konsumgesellschaft hat uns eben so sozialisiert, täglich eine gewisse Flüssigkeitsmenge aus einem Glas oder einer Flasche zu trinken. Wenn wir also keine Möglichkeit zu diesem Trinkgefühl haben, entwickeln wir einen Riesendurst, ein Trockenheitsgefühl in der Kehle, das wirklich unangenehm werden kann.

Um trinken zu können, gibt es hier zwei Möglichkeiten: Entweder man filtert das Wasser, das sich nach einem Regen in einem sogenannten Hexenbrunnen angesammelt hat, durch eine Socke. Hexenbrunnen sind diese kleinen natürlichen Hohlräume, die entstehen, wenn ein Baum sich beim Wachsen zu zwei oder drei Stämmen verzweigt. Davon gibt es in diesen Buchenwäldern viele. Ich fange das Wasser einfach in meinem Kochgeschirr auf und koche es über dem Feuer ab.

Oder ich marschiere etwa zweieinhalb Kilometer westlich von meinem Gebiet zu einer kleinen, nicht sehr gut gesicherten Wasseraufbereitungsstation des Versorgungsunternehmens Véolia namens »Val à Loup«, die die umliegenden Dörfer mit Wasser versorgt. Sie hat nämlich einen Wasserhahn an der Außenseite, der normalerweise von den Beamten benutzt wird, um die Qualität des Trinkwassers zu überprüfen. Die Station liegt hinter einem durch den Wald und das Wetter ramponierten Zaun, weshalb »Selbstbedienung« hier möglich ist. Ich muss nur darunter durchkriechen, um Zugang zu haben, und schon kann ich meine beiden Trinkflaschen mit frischem Wasser füllen.

Und schließlich habe ich heute eine dritte Möglichkeit entdeckt, um meinen Durst zu stillen. Den Geschmack der warmen Milch noch im Mund, breche ich auf, um Daguet zu suchen, in der Hoffnung, dass ich diesen Tag so schön fortsetzen kann, wie er begonnen hat.

An dieser Stelle könnte man sich fragen, wie ich mit dem Problem der Körperpflege umgehe. Erst mal habe ich einen entscheidenden Vorteil: Ich habe praktisch keinen nennenswerten Bartwuchs. Es reicht, wenn ich regelmäßig meine Füße, die Achselhöhlen und meinen Intimbereich wasche. Aber wenn ich kaum Trinkwasser finde, mit welchem Trick schaffe ich es dann, dass ich welches zum Waschen auftreibe? Also, tief drinnen im Wald steht ein ganz besonderer Baum, der »Die vier Brüder« genannt wird. Vier prächtige, vierzig Meter hohe Buchen, die symmetrisch wie Vierlinge wahrscheinlich aus einem gefällten Baum nachgewachsen sind und in der Mitte einen großen Kessel bilden, der das Regenwasser wunderbar auffängt. Dieser Wasservorrat reicht für meine Katzenwäsche mehr als aus.

Und wie ich jetzt aussehe? Nun, in den ersten Monaten sind die Insekten gnadenlos über mich hergefallen. Ich wurde am ganzen Körper zerstochen und gebissen. Aber mit der Zeit ist meine Haut dicker und härter geworden und auch resistenter gegen die Kälte. Das Ergebnis: Ich habe nicht mehr das geringste Hautproblem. Und was die Pflege von Mund und Zähnen angeht, da gibt es keine Probleme, seit ich keinen Zucker mehr zu mir nehme. Ich gebe eine Mischung aus Wasser und Asche auf meinen Zeigefinger und fahre mir damit über die Zähne – und das war's dann. Natürlich schmeckt dieser kleine Cocktail nicht wie die Zahnpasta aus dem Supermarkt, aber verglichen mit den Geschmackserlebnissen seit Beginn meines Abenteuers, ist das halb so wild.

11

In einer langen Herbstnacht, in der die Dunkelheit nicht enden will, bin ich schon seit ein paar Stunden mit Étoile unterwegs. Sie ist allein, Chévi hat sie sicher irgendwo im Wald bei Sipointe und Daguet zurückgelassen, die für die kalte Jahreszeit Freundschaft geschlossen haben. Mit ihnen habe ich die vergangenen drei Tage verbracht.

Es wird langsam Morgen, heute ist es kühl, und ein dichter Nebel hüllt das Unterholz ein. Nicht der kleinste Windhauch lässt die letzten herbstlich eingefärbten Blätter erzittern. Kein Ton stört die morgendliche Stille. In diesem Hochwaldgebiet, das gerade forstwirtschaftlich bearbeitet wird, haben die Traktoren bei ihrer Arbeit die Brombeersträucher niedergewalzt, und wir finden kaum eine Stelle, wo wir noch Nahrung und nicht nur Schlamm vorfinden. Der Boden ist überall rutschig, und ich gleite mehrmals fast in den Spurrillen aus. Seit mehreren Tagen regnet es ununterbrochen, was die Tümpel zum Überlaufen bringt und den Waldboden aufweicht. Es wird immer schwieriger, nicht bei jedem Schritt tief in den Boden einzusinken.

Wir setzen unseren Ausflug im Kiefernwald fort, wo es nicht so nass ist, und bringen dort den Nachmittag zu. Étoile frisst einige Pfifferlinge, ich pflücke die restlichen und gebe sie in mein Kochgeschirr, denn ich will sie heute Abend über offenem Feuer zubereiten. Ich bin nass bis auf die Knochen, und eine schöne warme Suppe aus getrockneten Brennnessel- und Brombeerblättern mit Pilzen wird mir richtig guttun. Außerdem werde ich an dem Feuer auch meine Kleidung trocknen, die das dringend nötig hat.

Étoile trottet auf einen kleinen Steilhang zu, an dessen Fuß ein Forstweg verläuft, der den Kiefernwald vom Buchenwald trennt. Ich bleibe ein wenig zurück, da ich ihren Weg schon kenne und weiß, dass sie einige Stunden zum Nachdenken braucht, bevor sie diese Straße überqueren wird, so vorsichtig ist sie. Ich werde später nachkommen, weil ich noch einige Pilze sammeln will.

Irgendwann bemerke ich ein seltsames Vibrieren unter den Füßen. Ich weiß nicht, was das ist, so etwas habe ich noch nie gespürt. Ein Erdbeben hier in der Normandie? Ausgeschlossen! Plötzlich zerreißt ein Gewehrschuss die Stille des Waldes. Mein Blick sucht sofort nach Étoile. Voller Panik klettert sie den Abhang hinauf in dem Versuch, sich von dort oben einen Überblick über das kleine Tal mit dem Forstweg zu verschaffen, die Lage einzuschätzen und herauszufinden, aus welcher Richtung das laute Geräusch kommt. Der Boden unter meinen Füßen vibriert immer heftiger, als ich plötzlich etwa zwanzig Hirsche und Hirschkühe sehe, die in einem chaotischen Galopp in meine Richtung stürmen. Ich kann mich gerade noch hinter einem Baum verstecken, da fegt auch schon eine Hirschkuh an mir vorbei und verfehlt mich nur knapp. Die zu Tode erschrockene Herde entfernt sich schließlich.

Ein zweiter Gewehrschuss ertönt, und eine Kugel streift Étoile, die kurz taumelt und aufbrüllt. Dann läuft sie wieder los, rennt an mir vorbei und stößt dabei Belllaute aus, um die anderen Rehe vor der unmittelbaren Gefahr zu warnen: »Waff! … Waff! … Waff, waff, waff!« Sie flieht, so schnell sie kann.

Mir gefriert das Blut in den Adern, ich lasse mein Kochgeschirr mit den Pfifferlingen fallen und renne ihr durch den Kiefernwald nach. Ich habe Mühe, ihr zu folgen, weil die Bäume sehr dicht stehen und zahllose Äste auf dem Boden liegen, sodass ich nicht die ganze Zeit rennen kann. Außerdem muss ich immer schauen, welche Richtung sie einschlägt. Kurz darauf wird sie langsamer. Ich sehe, dass sie ein wenig schwankt. Außer Atem nähere ich mich ihr und versuche abzuschätzen, wie schwer ihre Verletzung ist, doch ich kann gar nicht sehen, wo sie getroffen ist.

In der Ferne höre ich ein Jagdhorn, vier Töne. Die Jagdhunde, die man leicht an den Ortungsglöckchen um ihren Hals und deren schrillen Klang ausmachen kann, verbreiten Angst und Schrecken im Unterholz. Sie kommen genau auf uns zu. Étoile springt wieder auf und rennt hüpfend vorwärts, so gut sie kann. Einige Hundert Meter weiter sucht sie Zuflucht in einem Dickicht, in dem Schlehdornbüsche und dazwischen Haselnuss- und Brombeersträucher wachsen. Eine beinahe unzugängliche Festung. Ich komme dort nicht hinein, aber ich kann Étoile sehen. Die Hunde stürmen heran, doch angesichts meiner aufrechten Haltung und meiner aggressiven Grundeinstellung laufen sie einfach weiter, ohne anzuhalten. Kurz darauf tauchen die Jäger unter lauten Rufen auf, begleitet werden sie von weiteren Hunden, die sie an der Leine führen. Ich lasse meinen Rucksack am Zugang zu der Senke fallen, in die Étoile sich gerettet hat. Da er mit meinem Geruch durchtränkt ist, wird er den Geruchssinn der Spürhunde täuschen, zumindest hoffe ich das. Ich verstecke mich in einem Dickicht gegenüber. Mein Trick funktioniert, sie laufen vorbei, und ich weiß, dass sie nicht so schnell zurückkommen werden.

Aus Vorsicht bleiben wir noch eine knappe Stunde dort, bis die Jagdgesellschaft endgültig verschwunden ist. Ich mache mir große Sorgen um Étoile. Sobald es möglich ist, da es Abend wird, gehe ich zurück, um nach ihr zu sehen. Meine arme Étoile … Einige Meter entfernt von mir liegt sie zusammengekauert da, mit einer tödlichen Wunde in der Brust. Sie zittert, und ich schaffe es immer noch nicht, zu ihr in ihr Versteck zu gelangen. Ich spreche mit ihr, erinnere sie an die schönen Momente, die wir gemeinsam erlebt haben.

»Meine kleine Étoile, ich danke dir für alles, was du mir geschenkt hast, dein Wissen, deine Freundschaft, deine Achtung und deine Liebe.«

»...«

Ich versuche, meine Stimme beruhigend klingen zu lassen, aber ich bin bis ins Innerste meiner Seele getroffen. Ich weiß, dass ein solche Wunde an dieser Körperstelle zu schwer ist, als dass ich ihr irgendwie helfen könnte. Étoile schaut mich liebevoll an und hebt ein wenig den Kopf. Ein paar Sonnenstrahlen kämpfen sich durch die Wolken, Vögel fliegen durch die erwärmte Luft, aber all die Düfte in ihrer Umgebung nimmt sie nicht mehr wahr. Mir steigen Tränen in die Augen.

Und mich überkommt eine Art Hass, weil mir bewusst wird, dass Étoile niemals mehr das Glück und die Freuden kennenlernen wird, die ich mir für sie ausgemalt habe. Nach und nach weicht das Leben aus ihrem Körper. Sie sieht mich an, fiept leise, es klingt wie Schluchzer, bevor sie den Kopf wieder auf den Boden legt. Sie atmet schwer, während es Nacht wird. Und sie dämmert allmählich weg, um uns herum ist alles reglos und grau. Dort, auf der eisig kalten Herbsterde, liegt meine Rehfreundin.

»Ach, verzeih mir, Étoile, ich habe dich nicht beschützen können. Ich war nicht stark genug. Verzeih mir.«

»...«

»Ich verspreche dir aber, dass ich mich um Chévi kümmern werde. Er ist ja erst fünf Monate alt. Ich werde mich um ihn kümmern, damit er groß und stark werden kann und sein eigenes Territorium haben wird, ein schönes Territorium. Das verspreche ich dir, meine Große. Ich verspreche es dir.«

Ihre Trauer ist greifbar, genau wie die Trauer aller Dinge um sie herum. Kein Grashalm bewegt sich, kein Lichtstrahl durchbricht mehr den aufsteigenden Nebel, kein spezieller Duft durchzieht die kalte Luft, und doch lastet eine ungeheure Trostlosigkeit schwer auf dem Wald. Sie ist erschöpft, sie leidet, rundherum breitet sich Verzweiflung aus wie ein Gift. Die tief hängenden Wolken ziehen, rötlich beleuchtet, am abendlichen Himmel vorbei. Meine Rehfreundin schließt die Augen ... Die Sonne ist untergegangen.

Meine Étoile ist nicht mehr, mein Stern ist erloschen, aber er wird für immer in meinem Herzen leuchten, und ich hoffe, auch dort oben am Himmel der Großen Insel. Sie hat die Hitze der Sommertage und die Dunkelheit der langen Winternächte erlebt und alles Mögliche, dem sie sich mit ebenso viel Kraft wie Mut gestellt hat. Mögen alle, die durch den Wald gehen und dort jemals einem Reh in die Augen geblickt haben, ein wenig darüber nachdenken, wie Étoiles Leben aussah, bis es an einem Herbsttag, der so gut begonnen hatte, von einer verdammten Gewehrkugel zerschmettert wurde. Aber so ist das Leben in der Wildnis und in dieser Natur, die ich so liebe. So schön und so grausam zugleich, immer bezeugt von den Bäumen. Ich glaube, wenn Bäume weinen könnten, dann würden Ströme von Tränen durch unsere Wälder fließen.

Eine Ewigkeit bleibe ich vor dem leblosen Körper meiner Rehfreundin stehen. Ich muss die arme Étoile aus dem Dickicht herauszerren. Mir ist klar, dass die Jäger nach ihr suchen werden. Sie wissen, dass sie sie getroffen haben. Und sie werden mithilfe der Hunde, die sie »Schweißhunde« nennen, auf die Suche nach ihr gehen und ihre Spur verfolgen, bis sie ihren Körper gefunden haben. Ich nehme meine Rehfreundin auf die Arme, um sie an einem Ort zu begraben, der weit entfernt von dem liegt, wo die Treibjagd stattfand, und wo sie wahrscheinlich niemand mehr finden wird. Die zwanzig Kilo sind zu schwer für mich und verlangen mir gewaltige Anstrengungen ab. Meine Kräfte schwinden, aber ich will nicht, dass meine Rehfreundin in einer Gefriertruhe und dann auf dem Teller eines Menschen landet. Sie hat etwas Besseres verdient. Schließlich war ihr Name Étoile, ein Stern, ein Star.

Ich raffe mich auf und verdopple meine Anstrengungen. Als ich endlich an dem gesuchten Ort ankomme, grabe ich mit dem Survivalmesser, das ich immer bei mir trage, die Erde auf und räume sie mit der Hand fort. Aber der Boden ist zu hart, ich schaffe es nicht, die Schichten aus Kalkstein und Feuerstein so weit aufzubrechen, dass ich ein ausreichend tiefes Loch graben kann.

Ich lege Étoile in die halb ausgehobene Grube, und um ihren Körper zu verbergen, flechte ich mit etwas Leinenkordel und Tannenzweigen zwei grüne Zaunwände, die ich gegeneinander aufrichte, sodass sie so etwas wie ein kleines Dach bilden, ein unauffälliges Grab. Ich bedecke das Tannendach mit Erde, Moosen und Farnen in der Hoffnung, dass der Verwesungsgeruch in den nächsten Tagen auch keinen streunenden Hund anlocken wird.

Es regnet, ich bin vollkommen durchnässt und zittere am ganzen Körper, aber ich will unbedingt zu Sipointe, zu Daguet und zu Chévi, der nun keine Mutter mehr hat. Ich suche die ganze Nacht nach ihnen, am frühen Morgen finde ich sie endlich. Auch sie sind wegen der Jagd geflohen, und ich bin glücklich, sie lebend wiederzusehen. Sie sind da, heil und gesund. Daguet und Chévi liegen, Sipointe steht daneben und hebt den Kopf. Ich weiß nicht, ob es meine Gefühle sind, die ich irgendwie übertrage, oder der Geruch nach Étoiles Blut auf meiner Kleidung, aber er kommt auf mich zu, vollkommen verängstigt, zitternd, schnüffelt einige Sekunden an mir und läuft dann, Ruflaute ausstoßend, weg.

Meine Gefühle überwältigen mich, ich weine, habe Angst, noch einen Freund verloren zu haben. Vielleicht denkt er ja nun, ich hätte seine Begleiterin getötet? Er ist ganz sicher fortgelaufen, um nach ihr zu suchen, aber ich weiß, dass er sie niemals finden wird, denn Étoile lebt nicht mehr. Daguet und Chévi wirken durch mich nicht irritiert, nicht einmal der furchtbare Gestank, der bestimmt von mir ausgeht, scheint sie zu stören. In diesem Dauerregen trocknet das Blut auf meiner Kleidung nie, und der Rucksack mit meinen Wechselklamotten ist mehr als einen Kilometer von hier entfernt vergraben. Ich würde gern dort hingehen, aber ich will auch Daguet und Chévi nicht alleinlassen. Eigentlich wäre es das Vernünftigste, den Rucksack zu holen, aber ich kann mich nicht dazu durchringen.

Einige Stunden später ist Sipointe zurück. Er kommt auf mich zu, schaut mich lange an, schnüffelt an meiner Kleidung, während er mich umrundet, und leckt schließlich an meiner blutigen Hose. Da verstehe ich, dass er es begriffen hat. Ich weiß nicht, wie, aber alles an seinem Verhalten zeigt mir, dass er es inzwischen weiß. In meine Trauer mischt sich ein Gefühl der Freude. Er ist nicht böse auf mich, und unsere Freundschaft wird nicht dadurch belastet. Wir verbringen den Vormittag mit unserer Trauer und der Niedergeschlagenheit, die ich sicher unbeabsichtigt in die Gruppe getragen habe, und dann beschließe ich, doch meinen Rucksack zu holen. Es wäre töricht, schmutzige Sachen anzubehalten, zumal es rein gar nichts ändern würde. Ich wasche meine Sachen im Regen, der, auch wenn er etwas weniger geworden ist, nicht aufhört. Ich ziehe saubere, trockene Kleidung an, entzünde ein kleines Feuer, um für meine Mahlzeit eine Dose aufzuwärmen, und vor allem, um die alten Sachen zu trocknen.

Ich hätte mir nie vorstellen können, dass ich einmal mit so viel Genuss den Inhalt einer erwärmten Konservendose verzehren würde. Wenn man lange nichts gegessen hat und der Hunger zu groß ist, hat man überraschende Geschmackserlebnisse. Alle Geschmacksrichtungen verstärken sich. Salz, Zucker, Pfeffer explodieren förmlich im Mund wie ein Feuerwerk. Sipointe und Chévi gesellen sich zu mir. Als ein verkohlter Holzscheit aus der noch schwelenden Glut fällt, stürzen sich beide darauf. Er enthält einen hohen Anteil an Kohlenstoff, den man so selten in der freien Natur findet, dass sie ähnlich zufrieden wirken wie ich mit meiner Mahlzeit. Sipointe, das Schleckmaul, senkt den Kopf ein wenig, um an die Konservendose zu kommen, aber er kann nur noch etwas Soße daraus lecken.

Den restlichen Tag verbringen wir gemeinsam. Sipointe scheint doch immer noch nach seiner Begleiterin zu suchen. Chévi stößt kurze Fieplaute aus, die für mich wie ein Wimmern klingen, und es zerreißt mir jedes Mal das Herz. Ich weiß nicht, wie, aber Sipointe gelingt es, Étoiles Spur aufzunehmen. Er schlägt den gleichen Weg ein wie wir am Vortag während der Jagd, verfolgt ihre Spuren zurück und findet schließlich Étoiles Begräbnisstätte, die ich gebaut habe. Er umrundet sie zusammen mit Chévi, der den Geruch seiner Mutter erkennt. Chévi stößt leise Fieptöne aus, wohl in der Hoffnung, dass seine Mutter ihm antwortet. Es tut mir so leid, dies zu sehen, ich bin erschüttert. Schuldgefühle überkommen mich: Ich habe Étoile nicht beschützen können.

Nach ein paar Stunden verlassen wir den Ort, ohne uns noch einmal umzusehen. Ich habe das Gefühl, dass etwas in unserem Abenteuer unwiderruflich zu Ende ist, und ich kann mich nicht damit abfinden. In den folgenden Tagen werden Sipointe und seine Lebensenergie mich lehren, dass man nie etwas bedauern darf. Man muss sich immer an das Beste derjenigen erinnern, die man kennengelernt hat, aber nie etwas bedauern. Jeden Tag sterben so viele Wesen in der Natur, dass man die ganze Zeit nur heulen könnte, wenn man bei jedem Hinweis auf den Tod innehalten würde. Das Leben geht weiter. Von nun an wird Sipointe sich um Chévi kümmern. Der Kleine wird den Winter und das Frühjahr mit seinem Vater verbringen, der noch präsenter für ihn sein wird als vor diesem verfluchten Tag.

12

Nach dem schrecklichen Verlust meiner Rehfreundin Étoile kann ich mich nicht damit abfinden, dass das Leben eben so ist. Obwohl ich lange über meine Auffassung vom Leben nachsinne, zwingt mich die Realität vor Ort, den Verlust der in meinen Augen liebsten Wesen zu akzeptieren, und mein Herz verhärtet sich wegen all der negativen Gefühle. Wie kann ich den Tod meiner Freunde einfach so akzeptieren, ohne etwas zu unternehmen? Tief in meiner Seele wächst die Wut.

Regelmäßig durchleiden meine Freunde und ich Treibjagden in der Wintersaison, und ich bemerke, dass ich inzwischen wie die Rehe empfinde und ihre Ängste teile. Ab Mitte November lebe ich in ständiger Furcht, dass ein Geländewagen auf einem Waldweg auftaucht. Eine Wegschranke im Wald, die zu einer ungewöhnlichen Stunde quietscht und die morgendliche Stille durchbricht, weckt sofort meinen Überlebensinstinkt. Rufende Menschen oder bellende Hunde in der Ferne lassen mich augenblicklich an dieses über uns schwebende Damoklesschwert denken. Jeden Tag ab Herbstbeginn bete ich, dass nicht wieder ein Unglück über uns hereinbricht. Da kann ich mir noch so oft sagen, dass Angst nichts bringt, um der Gefahr zu entgehen. Meine Gefühle sind einfach noch zu stark, und ich schaffe es nicht, mich von dieser Sorge zu befreien, die bis zum Frühlingsanfang, dem Ende der Jagdsaison, auf mir lastet.

Seit ich aus unmittelbarer Nähe das Leben der Rehe teile, stelle ich fest, dass meine Freunde trotz eines scheinbar »kontrollierten Jagdmanagements«, wie es im Neusprech der Jäger heißt, nach wie vor missverstanden und ihre Bedürfnisse nicht berücksichtigt werden. Erst zählt man sie wie Bäume (bei mehr als zwanzig Tieren pro hundert Hektar müssen welche getötet werden), dann werden sie bei Treibjagden unter dem Vorwand der Artenregulierung erlegt. Oder sie werden hinter Umzäunungen rund um den Wald eingesperrt, um den möglichen »Schaden« zu begrenzen, den sie auf den bewirtschafteten Feldern anrichten könnten. Und schließlich werden sie zum »Unfallfaktor« auf den unzähligen Straßen, die ihre Lebensräume durchkreuzen. Diese Einstellung, die Rehe so zu sehen, wie wir sie gerne hätten, ist, grob vereinfachend, unrealistisch und, sagen wir es ruhig, unmenschlich. Sei es am Meer, in den Bergen, in den Tälern oder auf weiten Ebenen, Rehen gelingt es, unterschiedliche Mikrohabitate wie Wäldchen, Parks, Obstgärten und Felder für sich zu erobern, doch geschieht dies nicht dank, sondern wegen der Zwangsbeschränkungen durch unsere Zivilisation.

Das Reh ist ein extrem intelligentes Tier mit außergewöhnlichen Eigenheiten, das sich an alle oder fast alle Lebensumstände anpassen kann. Was schon allein dadurch bewiesen ist, dass es die Fähigkeit entwickelt hat, in unmittelbarer Nähe des Menschen zu leben, genau dort, wo andere Wildtiere unter ähnlichen Lebensbedingungen selten geworden oder gar ausgestorben sind. Die Besonderheit seines Soziallebens – individualistisch und gesellig zugleich –, die Fähigkeiten, mit denen es seine Umgebung für sich zu nutzen und sein Territorium zu optimieren weiß, seine Demografie, die es dank seiner unter den Hirschartigen einzigartigen Fortpflanzungsweise an den zeitlichen oder räumlichen Wandel seines Lebensraums anpasst, verleihen dem Reh eine außergewöhnliche ökologische Adaptionsfähigkeit. Doch zwingt ihm unser Wunsch, die Populationen zu kontrollieren, verbunden mit unserer rasant voranschreitenden Fragmentierung der Landschaft, eine Lebensweise auf, die auf ständiger Angst beruht. Angst davor, entdeckt zu werden, eine Straße zu überqueren, nichts mehr zu fressen oder keinen Unterschlupf zu finden und natürlich zu sterben. Dieses angstbesetzte Umfeld zwingt sie dazu, Kompromisse zwischen all diesen Gefahren und den Vorteilen, die sie erzielen können, einzugehen. Unsere wirtschaftliche Entwicklung, unsere Demografie, die Jagd und die moderne Forstwirtschaft verändern das Verhalten meiner Freunde grundlegend und lassen sie in einer Umgebung der Angst leben.

Nach mehreren Treibjagden suchen wir uns für einige Tage einen anderen Unterschlupf und kehren erst mitten in der Nacht in unseren angestammten Lebensraum zurück. Rehe werden während der Jagdsaison ängstlich und furchtsam bis hin zum Trauma. Die erfahrensten unter ihnen wie Daguet oder Sipointe beobachten übrigens das Verhalten der Menschen auf den Waldwegen, um herauszufinden, ob Gefahr besteht oder nicht. In der Tat wird die Regelmäßigkeit von vorbeilaufenden Wanderern oder Joggern zu einem Gefahrenindikator. An Jagdtagen betreten diese den Wald nicht mehr. Daher ist ihr Ausbleiben ein zuverlässiger Hinweis für die Anwesenheit von Jägern.

In gewisser Weise verändert das aktuelle Jagdgeschehen das Verhalten der Rehe künstlich. Meine Freunde ziehen während der Wintersaison weniger umher, lernen jeden Quadratmeter ihres Lebensraums auswendig und erschließen sich Rückzugsorte tief im Dickicht, wo sie sich während der Treibjagden verbergen können. Es ist unmöglich, wilde Populationen zu kontrollieren, denn »um der Natur befehlen zu können, muss man ihr gehorchen« (Francis Bacon)! Und daher sollte man das Reh so sehen, wie es ist, und dieses wundervolle Tier zum Herrn über das eigene Handeln machen.

Wenn man »als Reh« lebt, ist eine Jagd so ähnlich wie ein Tornado. Man weiß weder, wo sie passiert, noch, welche Schäden sie verursacht, und es gibt keine wirksamen Präventivmaßnahmen, um davor zu warnen. Aus all diesen Gründen beschließe ich, meinen Freunden Tipps zu geben, wie sie Treibjagden erkennen und ihnen ausweichen können, bevor deren verheerendes Werk einsetzt! Als ersten Schulungskandidaten wähle ich Sipointe aus, ein intelligentes Reh, mit dem ich ja schon einige tragische Erlebnisse geteilt habe, darunter den Verlust seiner Begleiterin Étoile.

Im Leben eines Rehs gibt es Tage, an denen es die Verantwortung für eine Gruppe besitzt. Diese bildet sich im Winter, ohne dass jemand zum konkreten Anführer ernannt wird. Dennoch zeichnet sich eine allgemeine Tendenz entsprechend den spezifischen Wesenszügen der einzelnen Tiere innerhalb einer Gruppe ab. Quasi mittels einer stillen Übereinkunft wird ein Reh zum »Leittier«, das über das notwendige Wissen und ausreichend Erfahrung verfügt. Und dieses Wissen muss unstrittig sein, da es ja allen Rehen in der Gruppe zugutekommt. Das Tier, das diese Verantwortung übernimmt, ist normalerweise auch das erfahrenste, um die Gruppe zu schützen, und das geeignetste, um alle Mägen zu füllen, da es die besten Lebensräume kennt.

Die Rehe, die eine Gruppe bilden, sind alle aufeinander angewiesen. Sie sind zwar äußerst autonom, aber gleichzeitig extrem voneinander abhängig, und jedes einzelne erfüllt eine eigene individuelle Rolle im Team. Informationen werden von Reh zu Reh weitergegeben, aber vor allem muss die Gruppe darauf achten, am Leben zu bleiben und das eigene Gleichgewicht zu erhalten. Es gibt weder Tiere, die geringer geschätzt werden, noch solche, die unterdrückt werden. Jedes Reh ist ein vollwertiges Individuum, das Entscheidungen trifft, und die Summe dieser individuellen Entscheidungen ermöglicht den Zusammenhalt der Gruppe.

Eines Tages bin ich mit Sipointe, Laflèche und Velours, einem jungen Bock, zu dem ich gerade erst etwas engeren Kontakt knüpfe, zusammen, als auf dem Waldweg vier Geländewagen langsam an uns vorbeifahren. Zu so früher Stunde können es nicht bloß Holzfäller sein. Eine Treibjagd wird vorbereitet. Es trifft sich gut, dass an diesem Tag ich der »Anführer« bin. Meine drei Gefährten sind gerade mit Ausruhen und Wiederkäuen im Unterholz beschäftigt. Ich beschließe, alle auf das Waldstück mit den Kiefern zu führen, damit sie auch noch jedes Flüstern von mir gut hören können und mein Geruch nicht zu sehr vom Wind abgeschwächt wird. Aus Erfahrung weiß ich, dass Rehe unsere Stimmungen und vor allem den Geruch von unseren Stimmungen wahrnehmen können. Ist man zum Beispiel aggressiv oder gestresst, ist unser Körpergeruch eher schärfer, wie der einer Zwiebel, während eine fröhliche oder ausgeglichene Stimmung süßere Düfte wie jene von feinem Gebäck verströmt.

Auch mein Verhalten spielt eine große Rolle. Wenn ich mich im Kreis drehe, mit dem Fuß im Boden scharre und mich gleichzeitig witternd und suchend nach allen

Seiten hin umschaue, vermittelt dies viel eindeutiger Unruhe, als wenn ich mich mit gekreuzten Beinen auf den Boden setze, dabei gähne oder ein paar Blätter aufsammle. Die Kitze lernen so etwas von ihrer Mutter oder ihren älteren Geschwistern von klein auf. Ich muss jetzt also nur noch einen Weg finden, dass sie verstehen, was ich ihnen zu sagen habe!

Uns bleibt nicht viel Zeit, bevor die Treibjagd beginnt. Mir fällt auf, dass die Jäger ihre Fahrzeuge mit der Ausrüstung unbeaufsichtigt auf der Höhe eines Jagdrondells zurückgelassen haben. An dieser Stelle versammelten sich früher die Jagdreiter. Während sich die Männer in regelmäßigen Abständen entlang der Wege postieren, führe ich Sipointe in die Nähe eines der Geländewagen, damit er die Gerüche von Schießpulver und »Tod« der bei den vorangegangenen Jagden erlegten Tiere aufnehmen kann. Auf dem Weg dorthin folgen mir irgendwann Velours und Laflèche nicht mehr, die sehr große Angst haben, was ich gut verstehe. Ich lasse Sipointe den Geruch einer teflonbeschichteten Jacke einatmen, die über dem Außenspiegel eines Geländewagens hängt, und vermittle ihm meine Sorge, meine Angst. Die Schweißausdünstungen, die ich stressbedingt absondere, genügen ihm, damit er die Gefahr versteht. Ich will, dass er diesen Geruch mit der Jagd verbindet.

Danach kommen wir an einem Hochsitz vorbei, den ich mehrmals hinauf- und wieder hinabklettere, wobei ich leise Schreie ausstoße, wie verängstigte Kitze, die nach ihrer Mutter rufen. Sipointe soll verinnerlichen, dass ein Mensch sich auch oberhalb seines Kopfes aufhalten kann und dass das Gefahr bedeutet. In der Tat denken Rehe nicht immer daran, beim Laufen auch in die Höhe zu schauen, die Gerüche gelangen nicht bis nach unten zu ihren Nasen, und sie werden getötet, ohne zu wissen, dass sie gejagt werden.

Ich kehre ins Waldgebiet zurück, das ungefähr zwanzig Meter von dem Weg, dem wir gerade folgen, entfernt liegt, und zeige Sipointe durch die verwelkten Farne hindurch die Männer, die sich am Waldrand mit ihren Gewehren auf ihren kleinen Klappsitzen postiert haben. Sipointe klebt förmlich an mir, und ich spüre an meiner Schulter, wie sein Herz rast. Er beobachtet und beschnuppert mich und schaut sich beunruhigt diese seltsame Vorbereitung an, die sich vor unseren Augen abspielt. Die Haare an seinem Hinterteil sträuben sich, was mir bestätigt, dass er sich der Gefahr bewusst ist.

Eine Viertelstunde später beginnt die Jagd, und wir befinden uns immer noch vor den Schützen. Die Vegetation steht sehr hoch, und so haben wir den Vorteil, dass wir sehen können, ohne selbst gesehen zu werden. Ein Wildschwein stürmt dreißig Meter rechts von uns vorbei. Es rennt die Talmulde hinunter. Ein erster Gewehrschuss kracht los, dann ein zweiter. Ich imitiere, schwach bellend, das Signal von Gefahr. Wir laufen schnell durch das Brombeergestrüpp, um uns wieder zu verbergen. Die Rufe der Jäger lassen unsere Herzen noch ein wenig schneller schlagen. Sipointe beginnt, sich von mir zu lösen, er will die Flucht ergreifen. Ich belle also zweimal in seine Richtung, was bei Rehen »in der Gruppe bleiben« bedeutet. Daraufhin bleibt er abrupt stehen und beschließt, mir zu vertrauen.

Schließlich ziehe ich mein letztes Ass aus dem Ärmel für meinen Plan zur »Unterwanderung von Treibjagden«. Ich laufe in ein Waldstück, das Jäger prinzipiell nicht betreten dürfen. Sipointe folgt mir, was mich mit Freude erfüllt. Hier hat er nichts zu befürchten, und ich zeige ihm durch meinen Geruch, dass ich mich viel besser fühle und ruhiger bin. Ich setze mich hin und entspanne mich. Wir bleiben eine Weile in unserem Unterschlupf und warten darauf, dass alles vorbeigeht. Ich bin von dem Vertrauen überrascht, das Sipointe mir entgegenbringt. Er hat fast gar nicht auf seinen Instinkt gehört, sondern alle meine Vorschläge als glaubwürdig eingestuft und angenommen. Ich habe Glück, einen Freund wie ihn zu haben.

Einige Stunden später hören wir in der Ferne, wie sich die Jäger zurückziehen. Die Jagdhörner verkünden das Ende der Jagd, und wir bleiben den Nachmittag über ruhig in unserer Deckung. Als die Dämmerung hereinbricht, geht mein Tag als Anführer zu Ende. Sipointe gesellt sich wieder zu seinen Artgenossen. In der Hoffnung, dass meine Freunde unbeschadet geblieben sind, suchen wir nach »Überlebenden«. Heute sind zwei Rehe, acht Wildschweine und fünf Hirsche der Jagd zum

Opfer gefallen. Das betrübt mich zutiefst. Ich hoffe, dass Sipointe meine Botschaft verstanden hat und die Überlebensmethode, die ich ihm beigebracht habe, das nächste Mal anwendet.

Bei einer überraschend angesetzten Jagd einige Wochen später stelle ich zu meiner Freude fest, dass Sipointe sehr wohl verstanden hat. Er hat die Geländewagen gehört, die unheilvolle Aufregung der bellenden Hunde wahrgenommen, den Pulvergeruch gerochen und all die anderen Elemente erspürt, die einen Tag so traurig werden lassen können. Zu meiner großen Verwunderung sehe ich, wie er Chévi, Laflèche, Daguet und andere Rehe in das Schutzgebiet führt, das ich ihm beim letzten Mal gezeigt habe. Ich weiß, dass Sipointe intelligent und mutig ist, aber ich konnte mir nicht vorstellen, dass er die Fähigkeit besitzt, sein Wissen an andere Rehe weiterzugeben.

Heute haben die Jäger Pech in Bezug auf Rehe, und ich bin sehr stolz darauf.

Kiefernmischwald. Die Kiefern schützen gegen den Wind, mit ihren Zapfen und Nadeln kann man leicht Feuer machen.

Daguet. Das erste Reh, das mir Vertrauen schenkt, sucht beim Fressen auch gezielt nach tanninhaltigen Pflanzen.

Am Morgen. Nach einer feuchten Nacht, wenn sich der Tau auf die Pflanzen legt, kann man in der sanften Wärme der Sonnenstrahlen »trocknen«.

Sipointe. Das am stärksten territorial veranlagte Reh, das ich je kennengelernt habe, verbellt alles und jeden.

Mein Freund Chévi. Rehe sind Zehenspitzengänger, sie laufen sozusagen auf den »Fußnägeln«.

Schlaf. Von den Rehen lerne ich, dass ich nicht unbedingt nachts schlafen muss – Hauptsache, ich ruhe mich tagsüber ab und zu aus, wie es Chévi hier tut.

Territorium. So wie Chévi markieren Rehe im Frühjahr ihr Revier mithilfe von Duftdrüsen vor allem an Stirn, Hals und Beinen.

Chévi und Fougère. Rehe sind meist polygam, diese beiden bilden da eine Ausnahme. Sie leben nicht völlig monogam, geben einander auf ihrem Territorium aber den Vorzug.

Zärtlichkeit. Rehe lieben es, sich stundenlang zu putzen, wie hier Chévi und Fougère mitten auf einer Lichtung.

Kahlschlag. Schäden, die durch Holzeinschlag entstehen, können auf Rehe, die eine starke Bindung an ihren Lebensraum haben, katastrophale Auswirkungen haben.

Chévi, Fougère und mein Schatten. Frühmorgens, als die Sonne tief steht, mache ich ein Foto von uns dreien …

Chévi, Mef und Fougère im Schutz des Nebels. Meine Freunde beobachten etwa fünfzig Meter entfernt Holzfäller bei der Arbeit.

Mef auf der Flucht. Dank seiner Intelligenz und der ausgezeichneten Kenntnis seiner Umgebung kann er den Jägern mehrmals entkommen.

Fougère vor einem »Hexenbrunnen«. In dem Hohlraum, der sich gelegentlich bildet, wenn ein Baum sich zu zwei Stämmen verzweigt, sammelt sich wertvolles Regenwasser.

Gobette und ihre Jungen. Obwohl ihr bei einer Jagd das Bein weggeschossen wurde, kümmert sich die Bache sehr fürsorglich um ihre Kleinen.

Nachbarn. Für die Dachse Fouilliou und Mimine gehöre ich zu den Bewohnern des Waldes und gelte als harmlos.

Schabernack. Eichhörnchen werfen gern mit Zapfen nach einem …

Schwarzspecht. Mit seinem charakteristischen Ruf warnt er vor Gefahren.

Schöne Térylle. Ich werde Zeuge, wie die Füchsin mit ihrem Gefährten Vulpes zwei Junge aufzieht.

Magalie und Prunelle. Magalie bringt ihrer Tochter bei, Pflanzen wie die nährstoffreiche Gewöhnliche Goldnessel zu erkennen.

Magnolia. Mit ihren funkelnden Augen ist sie mehr Verführerin als Mutter. Ihr Kitz wird leider tragisch enden …

Mein Liebling. Prunelle ist wie eine weibliche Ausgabe von Chévi: intelligent, verspielt und begierig, etwas über die Welt, die sie umgibt, zu lernen.

Winterwald. Oft wird Schnee mit Kälte assoziiert. Tatsächlich bietet er Pflanzen Schutz und kann Tauwetter ankündigen.

Courage, Prunelle, Magalie und Espoir. Im Winter schließen sich Rehe zu Gruppen zusammen, in denen es keine Anführer gibt.

Courage im Schnee. Bereits im Herbst wird in nur wenigen Tagen das leuchtende Sommerfell durch das unauffällige dichtere Winterfell ersetzt.

Chévi bei Nacht. Die Dunkelheit weckt meinen Geruchssinn, mein Gehör, aber auch meinen Tastsinn, da ich essbare Pflanzen im Mondschein erkennen muss.

13

In diesem Winter habe ich meinen Wald nur drei Mal verlassen. Zunächst einmal, weil die Rückkehr in die Zivilisation sich überhaupt nicht mehr lohnt. Ein Fußmarsch von fünf Kilometern für eine Schale Quark mit ein bisschen Müsli – das steht in keinem Verhältnis. Wenn man seine Überlebenschancen optimieren will, kann man sich nicht den Luxus erlauben, Energie zu verschwenden, auch wenn der Gedanke, einige Stunden im Warmen zu verbringen, immer noch verlockend ist. Außerdem muss ich mich nicht mehr so oft mit Lebensmitteln eindecken wie zu Beginn des Abenteuers. Ich weiß inzwischen, wie ich mir Vorräte an Totholz und Nüssen anlegen und einteilen kann, und ich habe überhaupt keine Angst mehr, dass ich irgendwann ohne Reserven dastehe.

Mittlerweile fährt mit Einsetzen der kalten Tage auch mein Stoffwechsel zurück und stellt sich auf diese drei Monate des Nahrungsdefizits ein. Ich bewege mich weniger, ich esse weniger, und meine industriell gefertigten

Lebensmittel sind praktisch nutzlos geworden. Schließlich haben meine Akkus unter der unerbittlichen Einwirkung von Kälte und Feuchtigkeit den Geist aufgegeben, und ihr giftiger Inhalt ergoss sich in die Kamera. Ich habe mich also von meinen fotografischen Aktivitäten verabschiedet. Nur aus einem einzigen Grund zieht es mich noch aus dem Wald in die Welt der Menschen zurück: Nachschub von Streichhölzern. Den Winter ohne Feuer zu verbringen und Gefahr zu laufen zu erfrieren, das geht gar nicht.

Zum Glück ist der Frühling da! Die Natur erwacht, und eine Art Freude ergreift alle Lebewesen im Wald. Beim ersten Aufsteigen der Pflanzensäfte, bei der ersten sich öffnenden Knospe durchdringt uns seine unsichtbare Präsenz. Jeder freut sich, wieder aufleben zu können. Die Vögel singen ganz anders, die Geräusche im Wald sind offener. Verschiedene Arten begegnen sich friedvoll, als ob sich die ganze Natur »Guten Tag« sagen würde.

Ich spaziere durch den Wald, in dem Daguet für gewöhnlich schläft, und nutze die Gelegenheit, den Saft mehrerer Birken einzusammeln. Mithilfe einer Schraube habe ich ein kleines Loch von einem Zentimeter Tiefe auf einer Höhe von etwa zwanzig Zentimetern über dem Boden in den Stamm gebohrt. Über einen kleinen Strohhalm, den ich dort hineingesteckt habe, fließt der Saft in eine darunter stehende Feldflasche. Wenn die Birke groß und spendabel ist, bekomme ich in einer einzigen Nacht einen guten Liter zusammen. Dieser Saft ist herrlich süß für jemanden, der nicht mehr die riesigen Mengen an raffiniertem Zucker gewöhnt ist, die man normalerweise mit den Lebensmitteln aus dem Supermarkt in sich hineinfrisst. Dieses natürliche Getränk versorgt mich mit allen wichtigen Mineralien, die mir in diesem Winter schmerzlich gefehlt haben. Ein Liter Birkensaft gibt mir die Energie und Muskelkraft für einen ganzen Tag.

Ich lecke auch gerne den am Stamm herunterfließenden Saft der Kiefern ab. Dieser enthält etwas mehr Zucker, und beide Säfte, miteinander gemischt, ergeben einen ganz erstaunlichen Geschmack, frisch wie der Frühling. Apropos Frühling, man muss sich beeilen mit dem Abzapfen, denn sobald die ersten Blätter in der Baumkrone erscheinen, fließt der Saft nicht mehr.

Während ich meinen Morgenspaziergang fortsetze, treffe ich auf Daguet, der deutlich ratlos wirkt. Der mittlerweile einjährige Chévi markiert gerade sein erstes Territorium und scheint die Regeln des Spiels nicht verstanden zu haben. Seit einigen Wochen bewegt sich Fougère, Daguets kleine, kurz nach Chévi geborene Schwester, ständig in Daguets Revier, das er neben dem Territorium ihrer beider Mutter angelegt hat. Fougère steht somit unter dem Schutz ihres großen Bruders. Nur hat sich Chévi sichtlich in die junge Dame verliebt und eignet sich nach und nach das Territorium des armen Daguet an. Dieser hat ihn zwar schon mehrfach rausgeschmissen, aber Chévi ist so verliebt, dass er ständig zurückkehrt. Und manchmal lockt Fougère ihn sogar regelrecht in ihren Lebensraum, also in das Revier von Daguet. Alles scheint sehr kompliziert zu sein, die amouröse Zukunft von Chévi und Fougère gefährdet. Doch da gibt es noch das große Herz von Daguet, der schließlich ein Einsehen hat und erkennt, dass er Chévi nicht seines Territoriums verweisen kann. Er lässt ihn schließlich seine Schwester umwerben, und gleichzeitig beschützt er ihn vor potenziellen Konkurrenten.

Ich bin ganz in diese Szene des alltäglichen Lebens versunken, als plötzlich Chévi, der meine Anwesenheit bemerkt hat, vorsichtig auf mich zukommt, mich beschnuppert und umkreist. Auch ich drehe mich im selben Tempo im Kreis, damit ich ihn weiter beobachten kann, ohne mir den Hals zu verdrehen. Seit einiger Zeit akzeptiert er, dass ich hinter ihm gehe, aber nur in einem Abstand von ungefähr zwanzig Metern. Ich sage mir also, dass dies vielleicht der Moment ist, um den nächsten Schritt zu wagen. Dass es heute vielleicht »sein« Tag ist. Dass er bereit ist.

Eine Dreiviertelstunde ist vergangen, und Chévi hat begonnen, den Heidekrautteppich um mich herum zu fressen. Für mehrere Minuten sieht er mich mit seinen großen, schwarz glänzenden Augen an. Seine leicht hervortretenden Augen und sein langer, äußerst beweglicher Hals ermöglichen ihm einen hervorragenden Rundumblick auf seine Umgebung. Seine Augen bestehen fast ausschließlich aus Stäbchen, Zellen, die Bilder in Hell-Dunkel-Kontrasten an das Gehirn senden, nur vereinzelt finden sich Zapfen, die beim Farbensehen eine Rolle spielen. Das ist der Grund, wieso Chévi wahrscheinlich gräuliche Schattierungen leichter als bestimmte Farben erkennt. Durch diese anatomische Besonderheit hat er in der Dämmerung die Möglichkeit, Kontraste und somit Bewegungen viel schneller wahrzunehmen.

Ein Fasan stolziert elegant ungefähr zehn Meter von uns entfernt vorbei. Chévi scheint von dem Hühnervogel beeindruckt zu sein, entfernt sich daher ein bisschen von ihm und kommt auf mich zu. Er beobachtet mich minutenlang, ohne sich zu bewegen, schnuppert in der Luft um sich herum, senkt ein wenig den Kopf, um meinen Geruch besser erfassen zu können, und begreift, dass die Entfernung zwischen ihm und mir wirklich sehr kurz ist. Aber er ist sehr intelligent, und bestimmt hat er auch bemerkt, dass ich mich trotz der Nähe nicht auf ihn gestürzt habe.

Aus Vorsicht weicht er dennoch etwas zurück, mit einem sehr sicheren Schritt, den ich den »aufgesetzten Huf« nenne. Er ist typisch für Rehe, wenn sie neugierig sind und sich dem Gegenstand ihres Interesses nähern oder sich davon zurückziehen, und verleiht ihnen ein stolzes Aussehen: Mit ihren schlanken Körpern und den verlangsamten Bewegungen besitzen sie dann eine besondere Anmut, geradezu edel, man könnte sage, sie tänzeln. Der Vorderlauf geht so hoch wie die Schulter und streckt sich dann sehr stark, bis er sicher wieder auf dem Boden zu stehen kommt.

Ich nutze den Moment, um aufzustehen. Chévi sieht wieder zurück zu Daguet, hebt den Kopf und präsentiert ihm sein Geweih, um ihn zum Kampf aufzufordern. Er scheint stark und unbesiegbar mit seinen zwei kleinen Spießen zu sein, die noch keine Enden haben und Ziegenhörnern ähneln. Mit seinem Vorderlauf scharrt er auf dem Boden und wirbelt eine Staubwolke auf. Daguet spielt das Spiel mit und stößt in dem Moment, in dem Chévi den Kopf senkt, ein so lautes Bellen aus, dass der Kleine mit einem Satz zurückweicht und ungefähr zwanzig Meter weit läuft, bevor er sich zitternd umdreht.

Ich breche in Gelächter aus, und beide sehen mich an. Sie kommen mir wie Jungs auf dem Schulhof vor. Chévi weiß ganz genau, dass Daguet stärker ist und es für diesen keinen Grund gibt, sich auf solche Streitigkeiten einzulassen. Er weiß auch, dass er nur durch einen Trick ein eigenes Revier ergattern kann. Aber er spielt eben auch gerne, sodass er darüber die harte Lebensrealität eines Rehs vergisst. Unbekümmert kehrt er zu Fougère zurück, die ebenfalls erschrocken zurückgewichen ist. Ich laufe ein Stück hinter ihnen und überlasse Daguet seinen eigenen Aktivitäten.

Nun gehe ich näher an Chévi heran und versuche, ihm in einem Abstand von weniger als fünf Metern zu folgen; er macht einen kleinen Hopser, um sich zu entfernen. Fougère legt sich hin, und Chévi fährt fort, sein Territorium zu markieren. Das Spiel geht weiter; dann will er den Waldweg überqueren, der zu dieser Zeit von Reitern, Fahrradfahrern und Spaziergängern bevölkert ist. Ich folge ihm. Er sieht mich ein wenig schief an, lässt sich aber nicht aufhalten. Nachdem er einige Minuten überlegt hat, überquert er den Weg. Ich folge ihm auf Schritt und Tritt. Auf der gegenüberliegenden Seite angekommen, scheint er über meine Beharrlichkeit irritiert zu sein. Er geht ein wenig weiter, läuft den steilen Hang des vor Kurzem gefällten Buchenwaldes hoch und versteckt sich hinter einem Haufen mit frisch geschnittenen Ästen, um dort ein paar erreichbare Blätter zu fressen. Ich nähere mich ihm, stelle mich ihm gegenüber und mache dasselbe.

Die Besorgnis wandelt sich in Verspieltheit um. Chévi weiß, dass ich jetzt im Wald lebe, und er macht eine klare Unterscheidung zwischen mir und allen anderen Menschen im Wald. Wie die anderen Rehe erkennt er nur mich und meinen einzigartigen Geruch und läuft davon, wenn ein anderer Mensch sich ihm nähern will. Das ist, als ob er mir eine Nachricht geschickt hätte: »Ich will dich kennenlernen, du kannst mir folgen, aber mach langsam, weil ich noch etwas ängstlich bin.« Botschaft angekommen. Wenn ich nun hinter ihm laufe, komme ich nur auf bis zu zehn Meter an ihn heran.

Das Rascheln der Blätter auf dem Boden scheint ihn nicht mehr zu stören, aber dann bemerken wir ein vor zwei Jahren geborenes Reh, das ich noch nicht gut kenne. Es kommt aus einem höher gelegenen Gebiet, das ich »Les Bordes« nenne. Der Neuankömmling beobachtet uns von Weitem, will offensichtlich nicht näher kommen, sondern wittert lediglich auf Distanz. Er ist muskulös und wirkt misstrauisch. Deshalb werde ich ihn Mef, sinngemäß »den Misstrauischen«, nennen.

Chévi beobachtet ihn und kommt dabei näher zu mir heran. Dann macht er in gebührendem Abstand einen Bogen um mich, um sich zu verstecken, und schafft es auf diese Weise, dass ich nun plötzlich zwischen Mef und ihm bin. Das dürfte Chévi mir gegenüber zwar ziemlich viel Mut gekostet haben, aber hier kann ich nicht eingreifen. Das ist ihre Sache. Mef nähert sich schließlich, um mit uns Bekanntschaft zu schließen. Nach einigen Minuten will er Chévi vertreiben, aber meine Anwesenheit stört ihn dabei. Trotz seiner etwas scheuen Annäherung will Mef Chévi nun doch unbedingt verjagen, aber der versteckt sich immer noch hinter mir. Schließlich hat Mef genug von dem Spiel, er gibt nach und zieht sich zurück.

Den Nachmittag verbringe ich mit Chévi. Dabei stelle ich fest, dass die Begegnung mit Mef uns nähergebracht hat. Etwas sagt mir, dass sich eine tiefe Freundschaft zwischen Chévi und mir entwickelt. Ich beobachte ihn aus direkter Nähe, betrachte ihn eingehend und genieße diesen magischen Augenblick. Ich habe mich so in den Wind gestellt, dass er meinen Geruch leichter wittern kann, der ihm scheinbar behagt.

Man muss sich vor Augen führen, dass Chévi in einer Welt voller Gerüche aufwächst. Seine eher runzligen, haarlosen und feuchten Nasenlöcher erlauben ihm, alle vom Wind zu ihm getragenen Düfte zu identifizieren. Feuchte Luft transportiert grundsätzlich Gerüche viel besser als trockene. Aus diesem Grund leckt sich Chévi heute an diesem trockenen Apriltag immer wieder über die Nasenlöcher, um die Feuchtigkeit seiner Atemluft zu erhöhen. Ab und zu hebt er ein wenig seinen Kopf, um die verschiedenen Luftschichten zu erkunden. Dadurch kann er zwischen einem Menschen, der regelmäßig mit unverdächtigem Verhalten und Geruch in den Wald kommt, und jemandem unterscheiden, der mit bösen Absichten in seinen Lebensraum eindringt. Ein Reh, das sich in Windrichtung eines Spaziergängers befindet, weiß, dass er da ist, egal, wie der Wind steht.

Chévi setzt seinen kleinen Markierungsspaziergang fort. Von Zeit zu Zeit scharrt er mit dem Vorderlauf auf dem Boden, geht einige Schritte, uriniert und reibt sein Geweih an einem Adlerfarn, dann an einer jungen Pappel und zum Schluss an einem alten, vertrockneten Strauch. Rehe besitzen mehrere Duftdrüsen, die eine wichtige Rolle in ihrem täglichen Leben spielen. Die Drüsen zwischen den Klauen geben ein Sekret ab, das sich im Boden ablagert. So können sich Mitglieder einer Familie oder einer Gruppe wiederfinden, auch wenn sie sich in einem dichten Waldgebiet befinden. Auf dem Hinterlauf in Höhe des Gelenks befindet sich ein kleiner Drüsenbereich, der von etwas längeren Haaren verdeckt wird und einen Geruch absondert, den die Rehe absetzen, während sie bei einem Ortswechsel die niedrige Vegetation streifen.

Jedes Tier – und damit auch jeder Mensch – bildet einen einzigartigen Duftcocktail, ein Gemisch von Sekreten, die beim Schwitzen durch die Hautporen an die Luft gelangen. Dank dieses olfaktorischen Fußabdrucks kann sich ein Reh an Tiere oder Menschen erinnern, denen es schon einmal begegnet ist, und erkennt sie so wieder. Auf diese Weise kann ich mich in die Welt der Rehe einfügen. Meine Kleidung, meine Ausrüstung, mein Schweiß und mein Urin sind durchdrungen von meinem Geruch. Dieser vermischt sich mit Pollen, Staub und dem Saft von Pflanzen, die ich auf meinem Weg abbreche oder zertrete, was ein besonders komplexes Verständnis erfordert, aber so können die Rehe meine Position wahrnehmen und meine Richtung orten.

Nachdem Mef verschwunden ist, überdeckt Chévi dessen Duftmarke mithilfe eines anderen Drüsenbereichs, der sich auf der Stirnpartie befindet. Alles ist ihm recht, um Präsenz zu demonstrieren. Vom einfachen Farn über tote Äste bis zu einem Bäumchen, überall markiert Chévi auf diese Weise sein Territorium und zeigt, dass er da gewesen ist. Diese Substanz riecht meiner Meinung nach ein bisschen nach Apfel. Sowohl junge Böcke wie Mef als auch kleine Geißen wie Fougère zeigen so an, dass sie an einer Stelle vorbeigekommen sind.

Danach scharrt Chévi mit dem Vorderlauf dort, wo er seine Duftmarke gesetzt hat, sehr kräftig auf dem Boden und drückt ihn fest ein, damit der Duftabdruck sehr klar ist, so als ob er sein Werk signieren wollte. Diese Drüsen schwellen von Mai bis September an, da in dieser Zeit die Territorialaktivitäten am stärksten sind. Zuvor erfolgt das Abscheuern der Haut vom Gehörn der Böcke an Bäumen, deren Durchmesser nicht größer ist als der Abstand zwischen den Stangen, was die Bestände nur sehr selten beeinträchtigt. Wenn jedoch die Förster meinen, sie müssten nach einem Kahlschlag auf diesen nackten Flächen hochstämmige Laubbäume neu anpflanzen, ohne sie zu schützen, müssen sie auch mit den Konsequenzen leben!

Ich bleibe einige Tage bei Chévi, um sein Revier und seine Wege kennenzulernen. Nach und nach bietet er mir eine intensive Freundschaft an, die ich so mit den anderen Rehen noch nicht hatte. Es ist beinahe so, als ob wir uns schon immer kennen würden. Wir denken in demselben Moment an dieselben Dinge. Wohin wir auch gehen, begegnen wir uns, ohne dass wir nach dem anderen gesucht hätten. Als ob das Schicksal uns unbedingt zusammenführen möchte.

Als ich Chévi eines Abends mit Fougère allein lasse und meine kleine Ernte an Birkensaft einsammle, bemerke ich plötzlich, dass er mir folgt. Er leckt hinter mir jeden Baumstamm ab, an dem noch etwas Saft herunterfließt. Fougère ist viel ängstlicher, aber immer in der Nähe ihres Liebsten. Sie ist noch weit davon entfernt, mir Guten Tag zu sagen, interessiert sich aber sehr dafür, was ich mache. Chévi hingegen stellt sich großen Aufgaben, als wolle er seinem Schatz beweisen, wie mutig er ist. Er lässt zum

Beispiel ganz ohne Angst einen Menschen hinter sich laufen, frisst in demselben Brombeergesträuch, von dem ich esse, und nähert sich meinen Schuhen, um daran zu schnüffeln. Ich bin mir nicht so sicher, ob dies Fougères Herz wirklich höher schlagen lässt, gebe aber zu, dass dieses Verhalten mich beeindruckt, denn kein anderes Reh hat mir bisher so viel Interesse entgegengebracht und mich so schnell an sich herangelassen.

Innerhalb weniger Wochen gehen wir von einem Zustand der Angst zu einem wachsenden Vertrauen über, das in einer außergewöhnlichen Freundschaft gipfelt. Ich bin nun ein fester Bestandteil in Chévis Leben. Ich kann mit ihm spielen, neben ihm herlaufen, Seite an Seite mit ihm Brombeeren essen und noch vieles mehr. Manchmal habe ich sogar den Eindruck, dass es zwischen Chévi und mir weniger gibt, was uns trennt, als zwischen ihm und Fougère. Dank ihm fühle ich mich ein bisschen wie ein Reh. Vollständig integriert. Mir geht es gut in seiner Gegenwart. Er beurteilt mich nicht und vermittelt mir den Eindruck, dass er mich versteht. Wir sind wie Blutsbrüder. Unser Trio ist nun unzertrennlich und verbringt einen unglaublichen April miteinander, voller Freude, Freundschaft und gegenseitiger Entdeckungen.

14

Zwischen Chévi und mir festigt sich die Freundschaft immer mehr, die Neugier, die wir füreinander empfinden, bringt uns mit jedem Tag einander näher. Chévi beobachtet mich und lernt von mir in einem schwindelerregenden Tempo. Er akzeptiert alles: wie ich mich bewege und wie ich rieche, sodass wir schließlich besser miteinander kommunizieren können. Ich lerne von ihm leises Fiepen und kurze Grunzer kennen, Laute, die ich von Daguet oder Sipointe nie gehört habe. Und er lauscht mir sogar aufmerksam, wenn ich singe oder mit ihm spreche.

Selbst meine Worte scheint er mit dem in Verbindung zu bringen, was ich tue. Wenn wir zum Beispiel einen Forstweg überqueren und ich zu ihm sage: »Sei vorsichtig, denn hier gibt es Menschen«, assoziiert er meine Unruhe, meinen Geruch und ganz allgemein mein Verhalten mit der aktuellen Situation und einer unmittelbar drohenden Gefahr, auch wenn er deshalb noch lange nicht den

Satz versteht, den ich formuliere. Wenn ich hinter ihm in die Hocke gehe und ihn mit einem knappen »Wie geht's, mein Chévi?« begrüße, bleibt er stehen, betrachtet mich sanft mit schief gelegtem Kopf und leckt sich unentwegt übers Maul. Seine Augen funkeln und scheinen mir zu antworten: »Ach, na ja, geht schon! Und bei dir?«

Inzwischen ist mir bewusst, wie kommunikativ Rehe sind. Nun, da ich darauf achte, stelle ich fest, dass man sie viel stärker hören als sehen kann, denn manchmal sind sie schon sehr laut. Sie bellen, um sich bei anderen Rehen zu erkundigen, um sich gegenseitig zum Spielen aufzufordern oder einfach nur aus Neugier. Eine Reihe von Belllauten, begleitet von ein paar kleinen, aber kräftigen Sprüngen, signalisiert allen anderen Rehböcken und -geißen in der Umgebung Gefahr. Die Kitze fiepen ihre Mutter an, damit sie sich unterwegs nicht verlieren oder wenn sie sich langweilen. Wenn sie Angst haben, stoßen sie einen eigenen kurzen, etwas lauteren Ruf aus, eine Art hohes, rhythmisches Piepsen, das ein wenig an den Ruf von Waldbaumläufern erinnert. Diese Laute sollen ihre Mutter herbeirufen, selbst dann, wenn gerade Gefahr droht. Während der Fortpflanzungszeit im Juli/August hört man oft das pfeifende Schnauben eines Spießers. Er grunzt vor sich hin, während die paarungsbereite Geiß selbst unterschiedliche Laute ausstößt, kurze, leicht heisere und klagende Fieptöne. Wenn sie von einem brunftigen Männchen verfolgt wird, ist ihr Ruf ein klagender, tieferer Schrei, der schwer zu beschreiben ist.

Dank Chévi verstehe ich allmählich die Denk- und Verhaltensmuster von Rehen, und es gelingt mir ziemlich schnell, ihre Sprache nachzuahmen. Man sollte nicht unterschätzen, wie kompliziert diese Codes mit ihren genauen Tonfolgen aufgebaut sind. Ich rufe einen Rehfreund niemals tagtäglich auf die gleiche Art, denn man muss auch das Wetter, die Temperatur, den Wind, die weiteren Aussichten und sogar den Luftdruck berücksichtigen, und gerade Letzteres ist richtig schwierig. Wichtig ist auch, dass man den Rehen authentisch gegenübertritt. Man sollte nicht einfach blöd und weil es einem gerade gefällt, daherbellen, um seine Freunde anzulocken, sondern man muss schon wissen, was man sagen, tun oder ihnen begreiflich machen will, wenn sie dann aufkreuzen. Fehlalarme können sie gar nicht leiden, und ich will sie nicht enttäuschen.

Gleichzeitig findet man schwerlich ein boshaftes Reh, denn diese Tiere sind immer mit sich und der Welt zufrieden. Ich möchte auch auf keinen Fall Chévi Befehle geben, weil ich ihn nicht auf den Rang eines Haustiers herabstufen will. Er würde mir sowieso nicht gehorchen, denn er ist stur wie ein Bock! In dieser Beziehung bin schließlich ich das Begleittier: Ich folge den Wildtieren, nicht andersherum.

Zugegeben, manchmal wäre es mir ganz recht, wenn sie auf mich hören würden, denn Rehe sind so entdeckungsfreudig, wenn sie zu neuen Territorien aufbrechen, dass sie manchmal jegliche Vorsicht vergessen.

Unvorsichtig sind sie zwar nicht, aber unbekümmert. Ich habe bereits versucht, Chévi von allzu gefährlichen Orten fernzuhalten, wie Trimm-dich-Pfaden, Straßenrainen oder einem Spaziergang über die Lichtung mitten am Nachmittag. Ich habe mich ihm sogar in den Weg gestellt, aber da war nichts zu machen. Und schließlich habe ich mir gesagt: Wer bin ich eigentlich, ihm irgendetwas zu verbieten? Wir leben wunderbar hier in Freiheit und in der Wildnis zusammen, und das heißt, niemals Zwängen zu unterliegen oder Befehle zu empfangen, auch wenn die Gefahr allgegenwärtig ist. Das Leben an sich ist gefährlich, warum sollte ich ihm also verbieten zu leben! Hindernisse und Grenzen gibt es in der Natur schon genug.

Apropos natürliche Hindernisse: Da ist eines, mit dem Chévi nie gerechnet hätte, und das heißt Mef. Der scheint seit einigen Tagen ein Auge auf Fougère geworfen zu haben, die den Annäherungsversuchen des »smarten Sonnyboys« nicht abgeneigt wirkt. Chévi und Mef sind vom Wesen her sehr unterschiedlich. Der eine ist verspielt, ein bisschen wie ein kleiner Junge, von schlankem Körperbau und sehr schlau und zärtlich. Der andere ist gröber, erwachsener und machohafter, robuster gebaut und sehr bestimmend. Dazu kommt, dass Mef sich sein Revier genau neben dem von Daguet geschaffen hat, der, nur zur Erinnerung, Chévi duldet. Das sieht nach einer langen und komplizierten Kiste für meine Freunde aus.

Fougère, die in dieser Geschichte entscheiden soll, welcher der beiden Verehrer sie am ehesten verdient hat, setzt aber auf Abwechslung. Ein Tag Chévi, am nächsten Mef, doch in diesem Punkt sind sich die beiden Don Juans einig: So kann es nicht weitergehen! In der Wohngemeinschaft des Frühlings ist die Lage angespannt, und Fougère beschließt am Ende, sich für den Sommer abzusondern. Zur selben Zeit gibt Mef sein Revier auf. Zu riskant scheint ihm wohl das Leben neben Daguet; das ist schon ziemlich bedrohlich, noch dazu mit einem so kläffenden und brummigen Nachbarn wie Sipointe.

Chévi, der Opportunist, schnappt sich Mefs frei gewordenes Revier, in dem er anscheinend bereits seine Markierungen gesetzt hat. Ich finde das überraschend intelligent und schlau. Auf einen Schlag hat er nun ein Territorium von etwa zwanzig Hektar, für das er nicht einmal kämpfen musste. Die eine Hälfte wird von Daguet beschützt und die andere vom ehemaligen Bewohner nicht mehr beansprucht. Dennoch muss man sich das erst mal trauen!

Einige Tage später überrascht Chévi mich erneut. Ich folge Fougère und ihm in einen Bereich mit Rotbuchen. Sie zupfen mal hier und da ein paar Blätter und vor allem Buschwindröschen. Diese Pflanze aus der Familie der Hahnenfußgewächse wird von meinen Freunden in rauen Mengen gefressen, weil sie ein Tannin enthält, mit dem Rehe sich von Enteritis heilen können, einer Krankheit, die unserer Magen-Darm-Grippe ähnelt, aber in den meisten Fällen bei Rehen tödlich verläuft. Buschwindröschen wachsen mit Vorliebe im Halbschatten des feuchten Unterholzes, und je nach ihrem Aktionsraum haben nicht alle Rehe Zugang dazu, vor allem dann, wenn sie in Kiefern- oder Tannenwäldern mit sauren Böden leben.

Chévi und Fougère mit ihren vollen Mägen suchen sich danach einen ruhigen, angenehmen Platz, wo sie ungestört wiederkäuen können. Fougère kauert sich an den Stumpf eines Baums, der erst vor Kurzem von Waldarbeitern gefällt wurde. Chévi schaut sich um, doch keine Stelle scheint ihm zuzusagen. Er klettert einen kleinen Hang hoch, und ich folge ihm einfach. Als ich bis auf wenige Meter an ihn herangekommen bin, hocke ich mich hin. Da dreht er sich um, um mir Hallo zu sagen. Er bleibt direkt vor mir stehen, beobachtet mich, nimmt meine Witterung auf. Er reinigt sich oberflächlich und schaut sich dabei ab und zu flüchtig um. Von dort haben wir eine herrliche Aussicht auf den ganzen Wald unter uns.

Nach ein paar Minuten macht er einen Schritt nach vorn, ein wenig zitternd, und sieht mich an. Ich kenne dieses Verhalten nicht, kein Reh vor ihm hat so etwas an den Tag gelegt. Chévi hebt den Kopf, dann senkt er ihn wieder tief bis zum Boden, um die verschiedenen Gerüche zu erschnuppern, die ich aussende. Langsam kommt er noch näher, umrundet mich und schnuppert immer weiter an mir. Schließlich löst die Neugier seine Besorgnis in nichts auf. Er nähert sich mit der Schnauze meinem Gesicht und leckt es ab. Ich spüre, wie seine kleine warme, weiche Zunge meine Haut intensiv streichelt. Ich kann seinen heißen, rhythmischen Atem spüren, während mein Herz rast. Zum ersten Mal zeigt mir ein Reh eine solche Zuneigung. Grenzenloses Glück, Freude, Erfülltheit, Stolz – kein Wort kann beschreiben, was ich gerade fühle. Tausend Empfindungen jagen mir in einem gewaltigen Schauder den Rücken hinab. Mit seinen kleinen Zungenleckern reinigt Chévi mich, er »kostet« mich aber auch, um meinen individuellen Geruch abzuspeichern, der unsere Freundschaft auf ewig besiegelt. Seine Zunge fährt über meine Augen, meine Ohren, meine Nase, dann hebt er sanft meine Lippen an. Etwas unsanft zerrt er meine Mütze herunter, schnuppert an meinen Haaren, spielt ein wenig damit und schiebt seinen Kopf unter den Kragen meines Pullovers, um an meinen Hals zu gelangen. Nachdem er sich jeder Stelle gewidmet hat, ist die Waschung beendet.

Eine ganze Weile später, als ich ihm die Brust kraule, sieht Chévi mich an und wirkt sichtlich zufrieden mit diesem gegenseitigen Austausch von Zärtlichkeiten, dann legt er sich direkt vor meine Füße. Da ich die ganze Zeit gehockt habe, wechsle ich nun in den Schneidersitz, um meine Beine etwas zu entspannen. Etwas Einzigartiges geschieht da gerade zwischen uns, und so, wie er mich ansieht, erkenne ich, dass unsere Beziehung gleichbedeutend ist mit Vertrauen, Respekt und Wohlwollen – Schlüsselworte für eine gelungene Freundschaft zwischen einem Reh und einem Menschen.

15

Es ist ein wunderschöner Nachmittag zu Beginn des Sommers. Chévi und ich gehen hinein in ein Buchenwäldchen, wo eine majestätische Birke ihre biegsamen, leichten Äste nach oben streckt. Chévi legt sich ans Ende eines großen Baumstamms, den der letzte Wintersturm entwurzelt hat. Wir sehen einander an. Ich frage mich ernsthaft, was ihn wohl dazu bewegt, mich etwas mehr zähmen zu wollen als alle anderen Rehe jemals vor ihm. Spürt er die immense Freude, die ich beim Zusammenleben mit ihm empfinde, aufgrund dieses außergewöhnlichen Abenteuers, bei dem ich jeden Tag ein wenig mehr über mich lerne, das alle Vorstellungen ändert, die ich von meinen Schwächen, meinen Stärken und sogar von meinen Bedürfnissen habe? Möchte er vielleicht mehr über mich erfahren, genau wie ich mehr über ihn erfahren will?

Die Baumwipfel wiegen sich sanft in einem heißen Wind aus dem Süden, und ein grünliches Spiel aus Licht und Schatten wandert immer wieder über sein Gesicht. Ich strecke mich auf dem Boden aus, lagere den Rücken auf ein Bett aus Farn und bewundere dieses Gewirr über mir aus smaragd durchscheinenden Blättern. Wir rasten dort recht lange unter den sonnendurchwirkten Bäumen und nutzen diesen magischen, feenhaften Moment, um ganz in der Natur aufzugehen und die Last der Zwänge von einem Leben in der Wildnis abzustreifen. Rein gar nichts kann diese Freude oder den Frieden beschreiben, die mich überkommen. So geht der ganze Nachmittag dahin, und wir genießen die Zeit, die langsam bis zum Sonnenuntergang verrinnt.

Etwas steif von dieser langen Rast und leicht betäubt von der Stille, die um uns herum herrscht, stehen wir auf. Wir laufen durch den Mittelwald. Im Gehen schiebe ich die Farne beiseite, die nun die Abendkühle in sich aufnehmen, während mir die Gerüche, die sich im Tag angesammelt haben, warm entgegenschlagen. Die mal kühle, mal schwülwarme Luft mit dem schweren Duft der Süßgräser und der zarten Graspflanzen macht mich ganz schwindelig. Zu dieser Tageszeit, wenn man nicht mehr genau erkennt, ob es Tag oder Nacht ist, werden die Meisen, Rotkehlchen, Finken und alle anderen Vögel allmählich ruhiger und machen Platz für die Tiefe der nächtlichen Stille.

Alle Geräusche verklingen nun in der duftenden Frische der Dunkelheit, die mich allmählich einhüllt. Der ganze Wald ist jetzt zum Leben erwacht, und doch stört kein Laut diese Ruhe. Wir bewegen uns vorwärts durch die verschiedenen Schichten des Waldes, während die Dunkelheit immer weiter fortschreitet. Ein paar Ziegenmelker kreisen über der Lichtung, die wir kreuzen, verlassen ihren Unterschlupf für den Tag, um sich auf die Jagd nach Insekten zu machen, und durchbrechen die Monotonie der Heidelandschaft mit ihren charakteristischen Lauten, die an das Schnurren einer Raubkatze erinnern.

Kurz darauf machen wir inmitten des Eichenwaldes halt, in dem ein Waldkauzmännchen seinen typischen kräftigen Klageton ausstößt. Ein Weibchen schließt sich den Rufen zu einem Duett an, das die Dunkelheit zum Klingen bringt und auf das ein anderes Paar in der Ferne antwortet. Sobald es so richtig dunkel ist, werden diese furchterregenden Jäger zum Schrecken der kleinen Nagetiere. Später lässt eine Eule mit ihrem leisen Flügelschlag einen leichten Lufthauch über meinen Kopf wehen. Der Vollmond taucht das Unterholz in ein fahles weißes Licht, sodass mein Schatten, der mir folgt, wie ein Geist wirkt.

Nun sieht der Wald nicht mehr so aus wie am Tag, er hat sein Gesicht verändert. Meine Sinne sind aufs Äußerste gespannt in dieser Dunkelheit, in der jeder Schritt einem Spaziergang mitten durch eine Kathedrale aus Pflanzen gleicht. Ich kann spüren, wie sich die Wurzeln unter meinen Füßen bewegen. Ich höre das Knarren der Stämme, wenn ein kräftiger Windstoß in die Kronen der Bäume fährt, es klingt wie eine Takelage, die unter den Wellen ächzt. Die Bäume kommunizieren miteinander. Geht es dabei etwa um mich? In diesem magischen Universum voller Geheimnisse regt alles zum Träumen an.

Chévi holt mich auf den Boden der Tatsachen zurück, denn er gibt mir nun mit einem leisen Fiepen zu verstehen, dass wir jetzt mal etwas schneller laufen sollten, um endlich dort anzukommen, wo er hinwill. Da ich nicht auf ihn höre, nähert er sich mir, senkt den Kopf, reckt den Hals vor, als wolle er an meinen Schuhen schnuppern, und schnaubt dann laut aus, ehe er ein paar Meter weitertrottet. Als wir eine kurze Ruhepause einlegen, döse ich neben ihm ein, und während ich schlafe, krabbelt eine Spitzmaus mein Hosenbein hoch, um ein wenig von meiner Körperwärme zu profitieren. Jetzt diene ich also als Hotelzimmer! In solchen Fällen gibt es immer zwei Möglichkeiten, wie man aufgeweckt wird: entweder durch ein Quieken, an das sich eine rasante Flucht anschließt, oder seltener: durch einen Biss als Dankeschön.

Gleich danach gehen Chévi und ich einen kleinen Pfad hinauf, der zu einem kahlen Plateau führt. Von dort oben bewundere ich die Sterne am kristallklaren Himmel. Die Tannenwipfel rund um diese Öffnung bilden einen schönen dunklen Rahmen, der den Sternenhimmel hervorhebt. Chévi sieht mich an, hebt leicht den Kopf, als genau in diesem Moment eine Sternschnuppe über uns hinwegfliegt. Ich wünsche mir – und ich hoffe, dass dieser Wunsch in Erfüllung geht –, dass wir ein Leben lang Freunde bleiben werden und dass nichts uns jemals trennen wird. »Ich werde über dich wachen und dich mit all meiner Kraft beschützen, ich weiß, dass wir unsere intensivsten Momente zusammen erleben werden und dass nichts und niemand sie uns jemals nehmen könnte.«

Bald geht die Sonne auf, und die leicht orangefarbene Dämmerung macht die Umrisse des noch taufeuchten Waldes sichtbar. Wir erreichen die exponiert liegenden Kreidehänge, um dort die ersten Strahlen der Sonne zu genießen, die zaghaft über dem benachbarten Hügel aufgeht. Die Nebel über der Seine und der Eure vermischen sich und verflüchtigen sich, während der goldene Lichtball seine ersten Strahlen im Spiegel der Seen und Teiche dort unten badet. In der Ferne höre ich, wie die Hähne mit ihrem Krähen einen schönen Tag ankündigen, während die Dorfkirche unten im Tal seine ersten Stunden einläutet. Ein Fuchs kehrt von der Jagd zurück, die offenbar erfolgreich war. Die letzten Wildschweine laufen über die Wiesen und die taugetränkten Felder, um sich in der Tiefe des Waldes in Sicherheit zu bringen, bevor die Menschen erwachen. Im Sommer sind die Tage lang …

16

Plötzlich ist die Stimmung bei mir zu Hause schrecklich erdrückend geworden. Ganz offensichtlich bin ich nicht mehr willkommen. Um also niemanden dort zu stören, kehre ich bloß im absoluten Notfall dorthin zurück, immer nur nachts, und dann beeile ich mich. Ein bisschen frisch machen, schnell eine Packung Quark runterschlingen, sämtliche Streichhölzer mitgehen lassen, die ich finden kann – und schon bin ich wieder weg, ohne Spuren zu hinterlassen. Alles in diesem Haus macht mich jetzt nervös. Inzwischen empfinde ich die Gerüche als aggressiv, das Klicken der verschiedenen Elektrogeräte stört mich, ja sogar das Licht. Ich glaube, dass ich die Welt der Menschen nicht mehr ertrage. In den Wäldern geht es mir so viel besser.

Dank Daguet, Sipointe, Chévi und all der anderen schaffe ich es jetzt, im Freien ohne Schlafsack, Unterschlupf oder Wärmequelle zu schlafen. Sie haben mir beigebracht, in kurzen Zyklen zu leben, zu essen und zu schlafen, und so wird ein Leben – oder Überleben – möglich, ohne dass man zu sehr körperlich leiden muss. Man kann nicht bei jeder Rast eine Hütte bauen oder ein Feuer machen, nur um sie wenige Stunden später wieder zu verlassen. Ebenso ist es vollkommen sinnlos, sich ein Basislager zu schaffen. Das heißt aber nicht, dass man nicht mal eben mit Schnur und Holzstücken einen Schutz vor dem Wind errichtet oder bei richtig schlechtem Wetter einen kleinen Behelfsunterschlupf baut. Aber das kostet Zeit und Kraft. Wenn ich dennoch mal diese Art von Arbeit auf mich nehme, dann nur, weil ich völlig durchnässt bin und meine verschiedenen Kleidungsschichten trocknen möchte oder weil die Temperaturen wirklich unerträglich geworden sind.

In diesem Stadium meines Abenteuers gibt es niemanden, absolut niemanden, der sich wegen meines Lebens in diesem Wald Sorgen macht. Aber inzwischen habe ich Angst, dort von Menschen bemerkt zu werden, und es wäre unvorsichtig, irgendeinen Hinweis auf meine Anwesenheit zu hinterlassen. Also bewege ich mich im Unterholz auf den Pfaden von Wildschweinen, Rehen oder Hirschen, wo ich mich leicht verstecken kann. Ich bin so vorsichtig wie ein Reh, wenn ich am helllichten Tag einen Waldweg überqueren muss, denn mein schlimmster Albtraum wäre es, vom Förster entdeckt zu werden, auch wenn er nicht oft in der Gegend ist. Lieber entscheide ich mich für die Devise: »Wer glücklich leben will, lebt am besten im Verborgenen!«

In der freien Natur zu überleben ist kein Ding der Unmöglichkeit. Das Wichtigste dabei ist, gut ausgerüstet und gut organisiert zu sein. Man muss mit seiner Energie haushalten können, deshalb muss man wissen, wie man durch verlangsamtes Atmen seinen Herzschlag kontrolliert und dass man im Winter bei großer Kälte entsprechend gemächlicher zu laufen hat, da Schweiß dann zum schlimmsten Feind wird.

Ich bin nun mal nicht in der Lage, im Herbst in den Süden zu ziehen, wie es die Wildgänse machen, die bei ihrem Vogelzug ein »V« bilden wie für *voyage* – »Reise« – und uns damit zum Träumen anregen und auffordern, ferne Länder zu entdecken. Ich kann auch nicht von jetzt auf gleich meinen Lebensrhythmus verlangsamen wie andere Tiere, beispielsweise Siebenschläfer, Murmeltiere oder Igel, die einfach schlafen, während vor ihrem Bau der Winter mit Eis und Kälte wütet. Ich muss mich allein durchschlagen mit dem, was gerade zur Hand ist, und vor allem Geduld beweisen, während ich meine beiden Hauptprobleme löse: es warm zu haben und immer etwas zu essen zu finden.

Längerer Schlaf, ob tagsüber oder in der Nacht, stellt eine tödliche Gefahr dar, vor allem im Winter. Während man schläft, verlangsamt sich der Herzschlag, und bereits nach einer halben Stunde machen sich die Auswirkungen der Kälte bemerkbar. Nach einigen Stunden werden die Füße und die Hände taub, dann kommt es schleichend zur Unterkühlung. Eine Isolierungsschicht zwischen sich und dem Boden zu schaffen ist daher überlebenswichtig, weshalb ich wie die Rehe mit meinem Fuß im Boden scharre, um die Pflanzenreste zu entfernen. Erde ist eine wärmendere und weniger feuchte Unterlage als verfaulendes Laub. Ich lege dort auch Zweige von Tannen oder anderen Nadelbäumen aus, denn so komme ich nicht in direkten Kontakt zum Boden, außerdem strahlen sie meine Körperwärme zurück.

Dank meiner vielen Pulloverschichten kann ich je nach Temperatur ein paar Stunden schlafen, aber bei starkem Frost sind es nur sehr wenige – und auch nur tagsüber. Ich nutze dann lieber die Sonnenstrahlen gegen Ende des Vormittags, wenn es am wärmsten ist, um ein wenig zu schlafen. Wenn ich danach aufwache, fühlt sich alles klamm und etwas steif an, aber ich bin immer glücklich, dass ich diesen Moment der Ruhe genießen konnte. Manchmal schlafe ich auch gar nicht. Dann döse ich bloß ein paar Minuten im Schneidersitz, von Reisigbündeln umgeben, um mich gegen den Wind zu schützen, und breche bald wieder auf.

Was die Ernährung betrifft, so ist das Prinzip ähnlich, weil ich mir keine Vorratskammer anlegen kann. Ich ziehe mit den Rehen mit und lebe nach ihrem Beispiel. Je nachdem, wie heftig die Jahreszeiten ausfallen, wenn der Herbst und der Winter also nicht genügend Nahrung bereithalten, ist es überlebenswichtig für mich, mit ihnen unterwegs zu sein, was absolut inkompatibel zu einem Basislager ist. Aber das stört mich überhaupt nicht, ich finde es einfacher, mich an die Umgebung anzupassen, wenn ich ein Nomadenleben führe.

Wenn es ein langer Winter ist und sie immer weniger Nahrung im Wald finden, gehen sie zum Fressen auch auf bewirtschaftete Felder. Dort können die Rehe Wintergetreide finden, Raps, Knollengemüse, aber auch das sogenannte Unkraut. Sobald die Triebe zehn Zentimeter hoch sind, wechseln die Rehe zu etwas anderem über. Im Frühling werden diese Pflanzen nachwachsen, und innerhalb von wenigen Wochen ist der Schaden vergessen.

Da der Winter für die Landwirte die beste Jahreszeit ist, um Pflanzenschutzmittel auszubringen, greifen Rehe nur im äußersten Notfall auf die Felder zurück. Für ältere Böcke wie Sipointe, Velours oder Valloux sind alte Wälder mit ihren Obstbäumen, Eichen oder Kastanien ein Paradies, und daran muss ich mich anpassen, denn sobald mit dem Frühling das Nahrungsangebot nachwächst und es wieder in Hülle und Fülle zu fressen gibt, kehren sie in die Wälder zurück, um ihre Territorien vom Vorjahr zu verteidigen.

Meist bleiben die Geißen noch einige Wochen länger in den Feldern, wo sie mit ihren Kitzen Zuflucht gefunden haben, wenn sie sich dort sicher fühlen und nicht zu oft von Menschen gestört werden, zuweilen auch noch den ganzen Sommer über. Eine Rehgeiß ohne Begleiter kann sich auf die Suche nach einem Bock machen, der bereits ein Revier hat, und ihn dann dazu bringen, ihr in ein Paarungsgebiet ihrer Wahl zu folgen.

Man muss auch wissen, dass Rehe die landwirtschaftlichen Erträge nur in sehr geringem Maß schädigen. Landwirtschaftliches Gerät dagegen führt zu schrecklichen Verlusten unter den Rehpopulationen. Vor allem Kitze sterben, weil sie von Landmaschinen überrollt werden. Luzernenfelder oder Weiden ziehen die Jungtiere besonders an, weil sie dort ihre Ruhebereiche einrichten; diese sogenannten Kollateralschäden können fast die Hälfte des Jahresnachwuchses einer ganzen Population vernichten.

Rehe hängen sehr an ihrem Lebensraum, und sie beweisen immer wieder sehr große Intelligenz, um dort nicht bemerkt zu werden. Ihre Merkfähigkeit ist unglaublich, besonders wenn sie sich in ihrem Revier befinden. Da sie über einen ausgesprochen guten Sinn für kinästhetische Wahrnehmung verfügen, kennen sie ihre gesamte Umgebung bis ins letzte Detail. Sie sind in der Lage, auf ihren gewohnten Routen mit hoher Geschwindigkeit zu rennen und zu springen, ohne nach Hindernissen am Boden Ausschau halten oder überhaupt darüber nachdenken zu müssen. Dieses »Bewegungslernen«, das wir in wesentlich abgeschwächter Form kennen – dank ihm können wir in der Nacht den Lichtschalter finden oder dem Bettende ausweichen –, ist eine unschätzbare Hilfe für die Rehe, vor allem wenn sie von einem Fressfeind gejagt werden. Darüber hinaus muss ein Bock, da er ja keinen Spiegel hat, um sein Geweih zu bewundern, sich an dessen Position, Form und Länge erinnern, denn sobald die darüberliegende Haut abgescheuert wurde, verfügen die Spitzen über keinerlei Wahrnehmungsfähigkeit mehr.

Ich stelle außerdem fest, dass Chévi und viele andere Rehe sich die Stellen merken können, an denen sie am besten Nahrung finden, ebenso wie die Lage der Bäume, die ihnen die größte Ausbeute an Blättern und Früchten bieten. Damit scheint bewiesen, dass sie sich an Erfahrungen aus vorangegangenen Jahreszeiten, manchmal bis zu sechs Jahre zurückliegend, je nach Vielfalt der Baumarten erinnern können, was auch bestimmte Verwirrungen erklärt, wenn in ihrem Lebensraum zu oft abgeholzt wird.

Der Wechsel von Sommerzeit zu Winterzeit und umgekehrt bringt Rehe übrigens ebenfalls einige Tage, manchmal sogar Wochen durcheinander. Wie inzwischen bekannt, sind sie ja vor allem in der Dämmerung aktiv und überqueren beispielsweise eine Straße stets um 19 Uhr 30, wenn der Verkehr nicht mehr so dicht ist. Doch nach dem Wechsel auf Winterzeit, wenn es nun erst 18 Uhr 30 ist, sind die Straßen viel stärker befahren. Dies erhöht die Unfallgefahr für Rehe, auch wenn die aufmerksameren ziemlich schnell ihren Tagesrhythmus umstellen, um nicht im falschen Moment am Straßenrand zu stehen.

17

Es ist Frühling, ein leichter, feucht-lauer Wind trägt den zarten Duft von Waldanemonen, Scharbockskraut und anderen Blüten, die hier im Unterholz wachsen, in meine Nase. Ich lasse mir von den warmen Sonnenstrahlen das Gesicht streicheln, es ist, als wollten sie mich davon überzeugen, dass die lange und schwierige Winterzeit endgültig vorüber ist. In den Baumkronen tummeln sich die Vögel und zwitschern im Chor. Es ist die Jahreszeit der Liebe. Alle Gesänge, die aus dem Blätterdach aufsteigen, scheinen sich zu einem zu vereinen, einem Gesang vom Glück.

Unten auf dem Boden bereiten die Rehe und ich unsere Reviere vor und knabbern hier und da ein paar Leckereien der Saison. Chévis Halbbruder Courage ist ein junger Spießer, entstanden aus der Verbindung zwischen Sipointe und Rosée, seiner neuen Begleiterin. Courage, der eher ein sanftes Wesen hat, versucht, die im Winter geschlossenen Freundschaften mit seinen Gefährten zu erhalten. Seiner Schwester Lilas gehört ein angrenzendes Revier, das ihr ihre Mutter Rosée überlassen hat. Das erspart ihr Annäherungsversuche von Böcken der angrenzenden Territorien. Courage verstärkt und verfeinert mit jedem Tag die Markierungen seines Reviers und verteidigt sie vehement gegen die anderen Spießer, die sich dort blicken lassen. Wochen gehen ins Land, und es gelingt ihm mit der Zeit, sich ein kleines Revier von gut fünf Hektar zu erobern, was für sein Alter gar nicht übel ist.

Eines Morgens durchbricht ein Höllenlärm die Ruhe im Wald. Courage und ich beschließen nachzusehen, woher diese ungewöhnlichen kreischenden Geräusche, das Gebrüll und das Krachen kommen. Ein Eindringling bricht sich in die Festung der Wildnis Bahn. Dieses Waldstück, das vor ungefähr vierzig Jahren aufgeforstet wurde, besteht aus gemeinen Kiefern, zwischen denen sich einige ältere Weiß- und Rotbuchen, Eichen und Birken erhalten haben. Dort drinnen finden wir eine beeindruckende Maschine vor, eine Art Traktor, der auf acht riesigen Rädern läuft und mit einem mechanischen Arm ausgestattet ist. Unten, am Ende dieses Arms, befinden sich Kettensägen und ein gewaltiges Eisenmaul. Diese Maschine packt den Baum, schneidet ihn knapp über dem Boden durch, hebt ihn mühelos hoch und entrindet den Stamm von unten bis ganz nach oben zur Spitze. Dann trennt sie die Krone ab und zerteilt den Baum in lange Teilstücke, die sich unter ihr zu einem Stapel Rundhölzer türmen, ehe sie sich einen anderen Baum vornimmt. Die Geschwindigkeit, mit der dieses Werk der Zerstörung vor sich geht, und die Geräusche sind so heftig, dass es mir vorkommt, als hörte ich die Bäume schreien. Courage ist vollkommen verängstigt durch dieses Monstrum in seinem Revier, er flüchtet in Panik und stößt dabei natürlich heisere Belllaute aus. Drei Tage lang weigert er sich, sein Revier zu markieren. Drei Tage, in denen dieses Technikungeheuer sein Werk der Zerstörung verrichtet.

Als wieder Ruhe eingekehrt ist, kommen wir an den »Tatort« zurück, um zu sehen, was sich dort verändert hat. Die Maschine hat alles verwüstet. Statt der Oase der Ruhe und des Friedens, in der es reichlich Nahrung für alle gab, wo Eichhörnchen, Siebenschläfer und Vögel ihre Nester gebaut hatten, breitet sich nun eine trostlose Ebene aus. Die Maschine hat alles zerstört, dem Erdboden gleichgemacht. Nur ein morscher Baumstamm wurde verschont, unter dem Vorwand, man wolle die Biodiversität erhalten, wie ein kleines Schild, das einige Monate später angebracht wird, erklärt. Maurice Barrès schreibt in »La grande pitié des églises de France« (Das große Elend der französischen Kirchen):

Kennen Sie diese Form von Angst und Widerspruchsgeist,
die sich in den Tiefen unseres Seins entwickelt […] jedes
Mal, wenn wir sehen, dass eine Quelle verschmutzt,
eine Landschaft geschändet, ein Wald abgeholzt
oder auch nur ein einzelner prächtiger Baum gefällt

wurde, ohne dass für Ersatz gesorgt wird? Das Gleiche empfinden wir jetzt […] Und es ist etwas anderes als das reine Bedauern darüber, dass etwas Schönes, ein gutes Material verloren ging. Wir spüren unwillkürlich, dass wir zu unserer vollständigen Entfaltung Pflanzen, freie Natur, lebendige Wesen, glückliche Tiere, unangetastete Ressourcen brauchen. Flüsse, die nicht in Röhren gezwängt werden, Wälder, die nicht durch Stacheldraht eingezäunt sind, Räume, die aus der Zeit gefallen scheinen. Wir lieben die Wälder, die Quellen, weite Horizonte, weil sie uns etwas geben und aus den geheimnisvollsten Gründen. Ein brennender Kiefernwald in der Provence ist vergleichbar mit einer Kirche, die man mit Sprengstoff in die Luft jagt. Die schroffen Alpengipfel, die steilen Berge der Pyrenäen, die trockenen Ebenen der Champagne, die Causses (Kalksteinplateaus), die Brandes (Heidekrautlandschaften), die Garrigues (Strauchheidenformationen) sind unserem Empfinden nach nichts anderes als jene Dorfplätze, auf denen die Glockentürme unserer Kirchen allmählich zerfallen.

Ich beobachte Courage, den ich noch nie so erlebt habe. Er sucht das, was vor Kurzem noch sein Revier war, von links nach rechts und dann wieder von rechts nach links ab. Streckt die Nase witternd in die Luft, in der noch der Gestank nach verbranntem Motoröl liegt. Er macht einen Schritt nach vorn, zögert lange, dann gibt er auf. Er wirkt niedergeschlagen und stark verängstigt.

Ich erkenne an seinem verzweifelten Blick, dass er nun, da in seinem verwüsteten Gebiet alle Zufluchtsorte zerstört sind und Nahrung nur noch schwer zu finden sein wird, nicht in der Lage sein wird, in der Paarungszeit aktiv zu werden.

Courage findet sich auf einmal schutzlos im Territorium seiner Konkurrenten wieder. Keine Geiß will einen Bock ohne eigenes Revier. Da es ihm unmöglich ist, sich in so kurzer Zeit ein neues Revier zu schaffen, wird Courage von den anderen Spießern von Territorium zu Territorium gejagt werden und den Sommer schließlich in einem fünf Quadratmeter großen Zufluchtsort aus Büschen verbringen. Dass er nur wenig und darüber hinaus kaum abwechslungsreiche Nahrung findet, wird ihn physisch und psychisch zerstören. Sein elendes Dasein und die harten Lebensbedingungen werden ihn dazu treiben, sich trotz der Gefahr für sein Leben über Regeln hinwegzusetzen. Er büßt Kraft ein, magert ab, verliert Fell. Parasiten dringen in seinen Körper ein, und ich befürchte, dass er richtig krank werden wird. Jammernd und stöhnend wartet er nun darauf, dass es endlich Herbst wird, die Zeit, in der die Freundschaften für den Winter neu geschlossen werden. Ich habe noch nie ein Reh in einem solchen Gesundheitszustand erlebt.

Diese Rücksichtslosigkeit der Forstwirtschaft in Bezug auf den Wald und seine Bewohner erschüttert mich zutiefst. Ein Wald ist doch vor allem anderen eine Lebensgemeinschaft von Bäumen, die andere Gemeinschaften von

Pflanzen und Tieren bei sich aufnimmt. Wird das biologische Gleichgewicht des Waldes ins Wanken gebracht, werden dadurch alle Gemeinschaften geschwächt, die darin leben. Der Wald ist ein Abbild des Lebens: komplex, geheimnisvoll, wechselhaft. Er bietet seinen Bewohnern Nahrung und Rohstoffe, Schutz, Schatten, Geborgenheit und Schönheit, sein allgemeines biologisches Gleichgewicht ist von entscheidender Bedeutung.

Ich kann mit Rehen und anderen Wildtieren leben, nicht etwa, weil ich naturwissenschaftliche Erkenntnisse anwende, sondern weil ich in ihre Geheimnisse eingetaucht bin und eines der schönsten Werke der Natur begriffen habe: den Wald. Eine Sprache lernt man nicht, indem man Wort für Wort übersetzt. Man lernt sie durch ihre Feinheiten, durch die Lebensart der Menschen in dem Land, in dem sie gesprochen wird, und ohne sie mit dem zu vergleichen, was man aus seiner Muttersprache kennt. Ich habe das Glück, mit Wildtieren zu leben, weil ich die Natur nicht übersetze, ich spreche ihre Sprache.

Die heutigen Methoden der Forstwirtschaft sind nicht auf die Natur abgestimmt, denn die Schäden, die durch einen Kahlschlag entstehen, sind für Rehe, die eine starke Bindung an ihren Lebensraum haben, eine wahre Katastrophe. Die Forst- und Jagdwirtschaft muss sich an die Gesetze der Natur anpassen. Der Mensch hat für meine Gefährten im Wald künstliche Bedingungen geschaffen, weil er ihn so anpflanzt, als würde er Erbsen auf einem Feld anbauen. Die Täler, die lichten Niederwälder, Flächen, die der Mensch als »minderwertig« ansieht, bieten meinen Rehfreunden genau die Mischung, die sie brauchen. Die heute betriebene forstwirtschaftliche Nutzung mit dem maschinengesteuerten Abholzen, ihrem industriellen Tempo und ihren Methoden der Wiederaufforstung durch Parzellen mit Monokulturen über Gebiete von Hunderttausenden Hektar stört jedoch das Lebensgleichgewicht der Rehe und führt dazu, dass sie durch bewirtschaftete Felder ziehen, durch Obstplantagen und gerade angelegte Pflanzungen.

Wir werden Zeugen einer zunehmenden Abwanderung ganzer Populationen aus den Wäldern. Besonders landwirtschaftliche Flächen sind für das Reh attraktiv, vor allem seit zu Beginn der 1990er-Jahre Vollernter im Einsatz sind. Vorher gab es in den Ebenen um Beauce im Departement Eure-et-Loir nur sehr wenige Rehe. Heute halten sie sich tagsüber in Gruppen von fünf oder zehn Tieren im Unterholz auf, warten dort die Abenddämmerung und den frühen Morgen ab, um sich dann auf den Feldern zu bedienen. In die Weinberge des Departements Charente-Maritime kamen früher keine Rehe, um die Blätter der Weinstöcke zu fressen. In den Obst- oder Gemüsegärten fand man sie nur selten. Heute bietet ihnen der Wald nicht mehr ausreichend Nahrung, was sowohl Vielfalt als auch Qualität oder Menge angeht, die sie suchen, und noch weniger Schutz.

Rehe halten sich viel lieber im Unterholz und am Waldrand auf als mitten im Wald, aber der Mensch besiedelt in seinem ständigen Bedürfnis nach Urbanisierung die Täler und nagt an den Rändern ihrer natürlichen Umgebung. Und dort, wo sich die Wälder auf natürliche Weise ausdehnen, fällt der Blick auf die künstlichen Schneisen, die wir mitten durch sie hindurchschlagen. Es ist vollkommen unnötig, dass wir einen so großen Regulierungsdruck auf die Rehpopulationen ausüben, denn sie werden ja schon von ihren natürlichen Fressfeinden dezimiert: Füchse und vereinzelt auch Greifvögel fressen die jungen Kitze; in einigen Regionen tragen Luchse und Wölfe zu einer erhöhten Sterblichkeit der mehrjährigen Rehe bei, dazu kommen Krankheiten und, häufiger als man vermuten würde, auch streunende Hunde.

Trotzdem halten sich Geburten und Todesfälle die Waage, sodass die Zahl der Rehe in einem Gebiet mehr oder minder gleich bleibt – was auch mit der Abwanderungsmöglichkeit für junge Rehe zusammenhängt. Eine Option, um unsere falsche Politik zu kompensieren, wäre, die Rehböcke, die ein besonders starkes Territorialverhalten aufweisen, zu behalten, dadurch würde die Wilddichte begrenzt. Das Prinzip der Selbstregulierung der Art würde so ganz allmählich von Generation zu Generation wirken, denn Rehe sind doch nicht lebensmüde und konsumieren mehr Nahrung, als die Natur ihnen geben kann.

Die Tiere müssen auch die Möglichkeit haben, tagsüber an Dickichten, die über den gesamten Waldbereich verteilt sind, ungestört Nahrung aufzunehmen, um zu vermeiden, dass sich in einem bestimmten Bereich zu viele Wildtiere gleichzeitig aufhalten. Außerdem müssen lichte Laubwälder mit wenig Nadelbäumen dazwischen angepflanzt werden, um die Bodenvegetation zu verbessern. Es müssen Lichtungen angelegt werden, und besonders im Unterholz müssen Beerensträucher angepflanzt werden, damit die Tiere Schlehen, Weißdorn, Brombeeren und Heidelbeeren sowie viele andere Früchte finden können. Damit diese Lichtungen oder Waldränder für die Tiere attraktiv sind, sollte man die bei den Rehen so beliebten Süßgräser wachsen lassen, bis sie ausgereift sind, und die Baumarten, die die Waldfrüchte hervorbringen, erhalten.

Jede Waldzone hat ihre eigenen Tiere: Hasen, Rebhühner, Feldmäuse, Bussarde und Turmfalken leben in den flacheren Gebieten, die Heide ist Heimat für Kaninchen, Füchse, Dachse und viele andere Tierarten. Am Waldrand leben Rehe, Wiesel, Marder, Steinmarder, Füchse und Dachse. Je dichter der Wald wird und je tiefer man hineingeht, desto eher stößt man auf größere Tiere wie zum Beispiel Wildschweine.

Man muss also Waldbäume als verbindendes Element zu vielen anderen Lebewesen auf diesem Planeten ansehen. Die Forstwirtschaft muss zu nachhaltigen Nutzungsmethoden zurückkehren, die den Kreislauf der Natur respektieren und den Tieren, die ebenfalls dort leben, interessantere und schmackhaftere Nahrung bieten, damit sie seltener an die Bäume gehen, die wir nutzen wollen. Die Natur ist keine Schürfstätte, sie gehört allen Lebewesen, einschließlich der Menschen.

Daran sollten wir immer denken: Wenn Zivilisation und Technik in ein Gebiet eindringen, um den ersten Riesen des Waldes abzuholzen, verschwinden sie selbst, sobald die Axt ganze Arbeit geleistet und den letzten Baum gefällt hat.

18

In einer ruhigen Nacht beschließe ich, mal wieder zu Hause vorbeizuschauen. Vor allem sehne ich mich nach einer heißen Dusche. Ich weiß nicht, warum, aber ich habe unterwegs kein gutes Gefühl. Kein Stern steht am Himmel. Ein leichter Windhauch streift die Wipfel der Kiefern, die einen frischen Harzgeruch verströmen. Ich laufe auf einem schmalen Pfad, der hinab zum weiter unten im Tal am Waldrand gelegenen Forsthaus führt. Ich überquere eine Böschung, in die Füchse und Dachse ihren Bau gegraben haben. Dort begegne ich Valloux, einem alten Rehfreund, mit seiner Begleiterin Noëlle, die in den großen Granatenkratern aus dem Zweiten Weltkrieg Verfolgungsjagd spielen. Beide leben in einem Gebiet entlang einer kürzlich gebauten Stromtrasse. Eine riesige Schneise von etwa hundert Meter Breite und einigen Kilometer Länge führt nun mitten durch ihren Lebensraum. Die Teiche wurden trockengelegt, und einige Hundert Hektar Buchenwald sind verschwunden. Und das soll früher mal ein Wald gewesen sein …

Ich gehe weiter, um wieder ins Unterholz zu gelangen, bis ich schließlich auf einer schmalen geteerten Forststraße herauskomme. Ich überquere die Wildgitter, die kürzlich angelegt wurden, um die Tiere am Verlassen des Waldes zu hindern. Diese wurden zusätzlich zu einem Zaunsystem um den ganzen Wald errichtet. Die Hirsche werden nun nicht mehr im Herbst auf den Wiesen röhren. Schon seit geraumer Zeit habe ich den Wald nicht mehr verlassen. Ich bin an die Geräusche, die Gerüche und andere Sinnesempfindungen dieses Umfelds gewöhnt, das ich mir vollkommen »gezähmt« habe.

Als ich den Waldrand erreiche, verändert sich der Wind, auch die Gerüche sind ganz anders, hier ist die Luft nicht so feucht. Der Duft von Gras steigt mir in die Nase. Der Wind weht stärker als im Wald und dringt durch alle meine Pulloverschichten, bis ich fröstle. Ich gehe weiter Richtung Ebene, während der Wald mich bereits wieder ruft. Es ist, als würde man einen Freund auf dem Bahnsteig zurücklassen und, während man selbst im Zug sitzt und wegfährt, das Gefühl haben, diesen nie wiederzusehen.

Inzwischen laufe ich auf dem Bürgersteig der Straße in die Richtung, in der mein Zuhause liegt, alte Straßenlaternen spenden ein mattes Licht. Das Gartentor ist mit zwei Riegeln versperrt. Ich klettere darüber. An der Haustür angekommen, will ich meinen Schlüssel ins Schloss stecken, aber etwas blockiert ihn, und ich kann die Tür nicht öffnen. Nun beschließe ich, den Weg durch die kleine Tür in der Garage und eine zweite Tür zu nehmen, die mir den Zugang zum Haus ermöglichen. Drinnen gehe ich zum Kühlschrank: Er ist leer. Ich wende mich den Schränken zu, in denen die Lebensmittel aufbewahrt werden, aber auch sie sind leer, einige sind sogar abgeschlossen. Später werde ich erfahren, dass man die Lebensmittel vor mir versteckt hat. Als ich gehe, stehen mir Tränen in den Augen, und ich weiß, dass dies das letzte Mal war, dass ich in dieses Haus zurückgekehrt bin. Ich laufe rasch vorwärts, ohne mich noch einmal umzudrehen, denn ich möchte so schnell wie möglich zu denen, die ich jetzt als meine Familie ansehe: den Rehen.

Sobald ich im Wald angekommen bin, suche ich nach Chévi, meinem geliebten Rehfreund, aber ich kann ihn nicht finden. Ich suche ihn den ganzen Vormittag über, aber ohne Erfolg. Die Stunden vergehen, und ich werde immer niedergeschlagener. Ich brauche ihn jetzt dringend, damit ich ihm meinen Kummer anvertrauen kann. Ich gehe immer wieder seine gewohnten Wege ab, aber ich sehe ihn nicht. Auf einer Lichtung lege ich eine kleine Pause ein, ich habe nichts gegessen, aber ich würde sowieso nichts hinunterbekommen.

Früh am Nachmittag betrete ich, körperlich und seelisch vollkommen erschöpft, ein anderes Waldstück, in dem er und ich uns öfter ausruhen. Und da entdecke ich seine Silhouette. Er steht einfach da, stolz, aufrecht, und beobachtet mich. Ohne nachzudenken, laufe ich, so schnell ich kann, auf ihn zu und klammere mich an ihn. Ich lege ihm beide Hände um den Hals und weine, an seine Schulter gelehnt. Er bleibt einige lange Minuten stehen, ohne sich zu rühren. Ich höre sein Herz gegen meine Wange schlagen, und er legt sein Maul auf meine Schulter. Die Wärme seines Körpers tut mir gut. Er stellt seine Haare auf, als ob ihm kalt wäre, dann leckt er mir über das Gesicht. Ich bin so glücklich, ihn zu sehen und sein Freund zu sein. Und ich bin sicher, dass er spürt, wie verzweifelt ich bin.

Rehe haben diese Fähigkeit, Emotionen wahrzunehmen, sie können zwischen gut und schlecht unterscheiden oder zwischen denen, die ihnen Gutes oder Böses wollen. Mich widert meine eigene Spezies so an, die meine Freunde brutal tötet, ihren Lebensraum zerstört und es dem Wald gegenüber an Respekt fehlen lässt, und mich hat das Verhalten meines persönlichen Umfelds so verletzt, dass ich beschließe, von nun an so lange wie möglich in vollkommener Autarkie im Wald zu leben, ohne in die menschliche beziehungsweise eher die unmenschliche Welt zurückzukehren, die ich nicht mehr verstehe.

Chévi ist das intelligenteste Reh, das ich kenne, er beurteilt mich nicht, ist empfindsam für meine Nöte und immer für mich da, wenn ich ihn brauche. Er verhält sich »menschlich« im besten Sinne des Wortes. Chévi ist mehr als ein Freund, er ist ein Bruder. Und ohne ihn vermenschlichen zu wollen: Ich habe jemanden entdeckt, der kein Mensch ist und den ich unglaublich wertschätze.

19

Die Zeit vergeht. Chévis Kopf schmücken jetzt kräftige Stangen. Sie wachsen sehr schnell, und mein Rehfreund spürt allmählich einen gewissen Juckreiz an den Spitzen. Manchmal, wenn er zu mir kommt, um mit mir Streicheleinheiten auszutauschen, nutzt er die Gelegenheit, sie an meinem Arm, meinem Bein oder meinem Rucksack zu reiben. Andere Male macht er das bei Fougère. Er schubbert die Spieße an ihrem Fell, und manchmal kommt er aus Ungeschicklichkeit an ihr Gesicht. Fougère weicht dann ein wenig zurück, sie mag das nicht, aber schließlich lässt sie ihn gewähren, weil sie erkennt, dass es ihn sehr stark juckt.

Das Wachstum der Stangen bei Rehen lässt sich nicht mit dem der Hörner bei Kühen vergleichen, die aus lebendigem Zellmaterial bestehen, weswegen sie auch beständig weiterwachsen. Bei den Rehen ist der Knochen mit einer Art Haut überzogen. Diese ist von vielen Blutgefäßen durchzogen, die die Knochen mit den nötigen Nährstoffen für das Wachstum versorgen. Wenn sie anfangen zu sprießen, sind die Stangen extrem sensibel, diese Empfindlichkeit nimmt mit der Zeit etwas ab, aber sie verschwindet bis zum Ende der Wachstumsperiode nie ganz.

Während der ersten sechs Lebensmonate eines männlichen Kitzes bilden sich Fortsätze auf der Stirn, die »Rosenstöcke«, aus denen dann fünf Zentimeter lange Stirnzapfen wachsen. Diese Fortsätze treten allerdings nicht bei allen männlichen Kitzen auf. Die sie ursprünglich umgebende Haut wird bis Januar abgescheuert sein, und im Februar erscheinen kleine Spitzen, aus denen sich im folgenden Jahr das Erstlingsgeweih bildet. Dessen Wachstum wird dann bereits vor April abgeschlossen sein.

Es ist kaum zu glauben, aber das Wachstum des Geweihs wird von einem Hormon gesteuert, dessen Produktion ausschließlich von der Sonneneinstrahlung abhängt. Im Winter bildet sich die Haut, da zu dieser Zeit keine männlichen Hormone vorhanden sind. Im Frühjahr stoppt das nun wieder ausgeschüttete Hormon das Wachstum dieser Haut. Die Geweihstangen werden kräftiger, und die Haut stirbt ab. Das männliche Reh muss nun durch das Reiben des Kopfes an Bäumen unter anderem diese Haut abstreifen.

Die Stangen unter der Haut sind strahlend weiß, aber der Saft der Bäume, an denen das Reh sie reibt, färbt sie honiggelb oder bräunlich. Reibt ein Reh seine Stangen an einer Buche, so nehmen sie eine hellere Farbe an, reibt es sie an einem Nadelbaum, werden sie fast schwarz. An den Stangen befinden sich kugelige Auswüchse, die anfangs stark hervorstehen. In kurzer Zeit schleifen sich diese Perlen ab und werden glatt. Im Grunde sind Rehe bei Förstern nicht gern gesehen, da sie, weil sie unbedingt die Haut abscheuern wollen, dabei Bäume beschädigen, die zur Nutzung bestimmt sind. Aber der Prozentsatz der betroffenen Bäume ist äußerst niedrig, und wenn sie nicht gefällt werden, benutzen die Tiere sie im nächsten Jahr wieder.

Im Mai sollten alle Geweihe von der Haut befreit sein, die älteren Böcke haben sie schon im März abgestreift. Die Haut, die zu Boden fällt, liegt dort nicht lange herum, Nagetiere, die das Kalzium darin anlockt, verleiben sie sich schnell ein. Die Geweihstangen bestehen aus festen Knochen, die, wenn einmal die Haut abgestreift wurde, ihre Empfindlichkeit verlieren.

Wenn Chévi auf einen anderen Bock trifft, präsentiert er sein Geweih, er wackelt mit dem Kopf, und manchmal kommt es zu einer Kraftprobe Kopf gegen Kopf. Das Geweih kann aber nicht als Verteidigungswaffe angesehen werden, da es kaum je zu einem offenen Schlagabtausch mit einem Fressfeind kommt. Da ist Flucht die klügere Entscheidung. Denn ein Reh kann sehr schnell rennen, während seine Fressfeinde nur selten seine Geschwindigkeit erreichen. Das Geweih ist also vor allem ein schöner Schmuck, den man im Frühjahr stolz zur Schau trägt, um seine Rivalen in den Augen einer Geiß auszustechen.

Ist die Haut verloren, wächst auch das Geweih nicht mehr. Im Herbst führt die naturgegebene Schwächung der Zellen am Rosenstock (dem Teil, der die Stangen mit dem Schädelknochen verbindet) dazu, dass es einfach abfällt, wenn das Reh rennt oder sich an einem Baum reibt. Erwähnenswert ist auch, dass das Alter eines Tieres keine Auswirkungen auf die Länge eines Geweihs hat. Ein Bock wie Sipointe besitzt ein sehr großes Revier und kommt deshalb leicht an reichhaltige und abwechslungsreiche Nahrung heran. Aus diesem Grund hat er auch ein recht beachtliches Geweih.

Chévi und ich setzen unseren Reviermarkierungsgang fort und suchen nach verschiedenen Stellen, wo er sein Duftsekret verteilen kann. Wir treffen auf Chocotte, dessen Kopf oder, besser gesagt, das, was er darauf trägt, nicht gut aussieht. Seine Stangen sehen schrumpelig aus. Sie sind noch mit Haut bedeckt, aber irgendetwas scheint beim Wachstum schiefgelaufen zu sein. Die Stangen wachsen schnell, und wenn sie noch nicht sehr gefestigt sind, können sie alle möglichen Schäden und Verstümmelungen erleiden. So wie in diesem Jahr bei Chocotte. Seine linke Stange wurde während des Wachsens von einem Brombeerstrauch angekratzt und ist nun von einer unansehnlichen Masse Haut bedeckt, die ihm das Leben ein wenig schwerer macht. Zum Glück wird er auch diese verformte Stange im Herbst abwerfen wie jede andere, und das nächste Geweih wird keine Narbe von diesem Unfall aufweisen.

In einigen schwereren Fällen, zum Beispiel aufgrund einer Krankheit, einer Schusswunde oder einer Verstauchung, kann es allerdings doch katastrophale dauerhafte Folgen geben, weil der Wachstumszyklus des Geweihs von einem sehr empfindlichen Gleichgewicht der Hormone gesteuert wird. Eine Wunde an der falschen Stelle kann schlimme Auswirkungen auf die Entwicklung haben, was dann zu Problemen beim Abscheuern der Haut und beim Reviermarkieren führt und letztlich das Sozialleben des Rehs beeinträchtigt.

20

Im Hochsommer treffe ich einmal auf Fougère, die sich mitten auf einer Farnlichtung hingelegt hat. Es ist sehr heiß, und sie aalt sich in der Sonne. Im Spaß vergleiche ich sie mit den Filmstars, die sich an den Stränden der Côte d'Azur sonnen. Schließlich steht sie auf und läuft in Richtung von Chévis Territorium. Ich folge ihr, so gut ich kann, denn sie ist sehr schnell unterwegs. Sie überwindet mehrere Brombeerhecken, hält kurz an und wittert in den unterschiedlichen Luftschichten, um Chévis Standort ausfindig zu machen, danach läuft sie weiter.

Schließlich findet sie ihn. Und ändert schlagartig ihr Verhalten. Ihr Gang wird plötzlich langsamer und nicht so entschlossen. Sie bleibt vor Chévi stehen, der sie immer äußerst zärtlich betrachtet. Er kommt näher, aber das Fräulein tut so, als würde es ihn nicht bemerken. Er macht einen zaghaften Versuch, sie zu begrüßen, aber ohne Erfolg. Er läuft um sie herum und schiebt dann sein Maul unter Fougères Haarbüschel am Feuchtblatt, woraufhin sie erschaudert. Sie macht einen kleinen Satz, schlenkert mit dem Kopf, schaut ihn an und springt dann ein paar Meter weiter. Chévi folgt ihr, bis sie abrupt stehen bleibt. Da er im vollen Galopp hinter ihr hergeprescht ist, weicht er zur Seite aus, um nicht auf sie zu prallen, und legt schließlich seine Vorderläufe auf Fougères Rücken. Sie schüttelt ihn jedoch ab und rennt wieder weg. Dieses Spiel scheint die beiden Turteltäubchen zu erregen.

Fougère ist fortpflanzungsbereit und hat Chévi mit einem Sekret aus ihren Duftdrüsen angelockt, aber auch mit einer speziellen Sprache aus charakteristischen Schreien. Das Vorspiel soll die physische Leistungsfähigkeit des Bocks prüfen, so wird auf natürliche Weise festgestellt, wer die stärksten Gene hat, um für richtig kräftigen Nachwuchs zu sorgen. Rehe sind meist polygam, Chévi und Fougère bilden da, wie schon Sipointe und Étoile, eine Ausnahme von dieser Regel. Sie sind zwar nicht völlig monogam, aber sie geben einander auf ihrem Territorium den Vorzug. Fougère lehnt die Avancen anderer Männchen ab und vermeidet es allgemein, sich in anderen Revieren zur Schau zu stellen.

Das Liebesspiel von Chévi und Fougère besteht aus langen und leidenschaftlichen Verfolgungsjagden, die mit einem Rundlauf um einen Baum, einen Stumpf oder einen Felsbrocken enden. Das Spiel dauert so lange, dass die beiden Turteltauben um den Baum einen kleinen

Pfad aus festgetrampelter Erde bilden, den sogenannten Hexenring, auf dem mein armer Rehfreund ächzt, brummt und sogar bellt, um Rivalen abzuschrecken. Denn es könnte durchaus vorkommen, dass diese, von dem kleinen Tanz ebenfalls erregt, dorthin kommen in der Annahme, sie könnten mitmachen. Aber daran ist nicht einmal im Traum zu denken!

Man darf sich jedoch nicht täuschen lassen, in dieser Phase des Liebesspiels ist es die Geiß, die die Richtung vorgibt und den Ort für die Paarung auswählt. Wenn der arme liebestolle Bock aufgibt oder vor Erschöpfung zusammenbricht, dann wird sie sich eben einen anderen suchen, den sie an denselben Paarungsort führt. Aber das ist bei Chévi nicht der Fall, er strengt sich noch mal doppelt an, um einen Fehlschlag zu vermeiden.

Wenig später ist Fougère bereit, Chévi zu empfangen. Sie hört auf, um den Baum herumzulaufen, und Chévi nutzt die Gunst der Stunde, um sie mehrfach und mit offensichtlichem Vergnügen zu besteigen, bis die Paarung vollendet ist. Mit etwas Glück wird Fougère ihn morgen wieder in ihr Spiel einbeziehen, auch übermorgen und an den folgenden Tagen – das Ganze kann sich bis Ende August hinziehen –, da sie weiß, dass der Östrus, der Zyklus der Weibchen, nur zwei oder drei Tage dauert.

In Europa findet die Befruchtung der Geißen von Mitte Juli bis Mitte August während der Fortpflanzungszeit statt. Sobald die Eizelle befruchtet ist, teilt sie sich und »treibt« zunächst etwa sechzehn Wochen im Uterus. Schließlich nistet sich dieser kleine Zellhaufen in der Gebärmutterschleimhaut ein, und die Entwicklung des Fötus beginnt. Diesen Prozess, »Eiruhe« genannt, gibt es bei keiner anderen Hirschart, überhaupt findet man sie nur bei einigen wenigen Säugetieren wie Dachsen, Mardern oder Hermelinen.

Der Fötus wächst schnell bis zur Geburt des Kitzes, die neun bis zehn Monate nach der Befruchtung erfolgt. Von den vierzig Wochen der Tragzeit benötigt das Wachstum des Embryos nur etwa zwanzig, und da die Natur an alles denkt, kann eine Rehgeiß, die im Sommer nicht befruchtet wurde, das im November oder Dezember nachholen. In diesem Fall gibt es keine Eiruhe, sodass es ganz normal zu einem Setzen des Kitzes Ende des Frühlings kommt. Wenn es so weit ist, wird Fougère ein oder zwei Kitze zur Welt bringen, die bis zum nächsten Frühling bei ihr bleiben werden.

Ein paar Tage später treffe ich Magnolia beim gleichen Spiel an. Sie ist hundertprozentig polygam, und ihre Partner wie Bobois, Chocotte, Harry und noch ein paar andere treiben sich in ihrer Nähe herum. Magnolia lädt nun schon seit mehreren Jahren zum Paarungstanz, ohne je Nachwuchs zur Welt gebracht zu haben. Sie lockt die Böcke an, verführt sie, hetzt ihre Verehrer in einem höllischen Tempo zum Paarungsplatz … und treibt das Spiel bis zur Erschöpfung. Die Ärmsten geben regelmäßig auf. Und sollte sie zufälligerweise doch mal auf einen etwas zäheren Bock treffen als gewöhnlich, verschwindet sie einfach, bevor er zum Zug kommt!

Auch diesmal erwarte ich die gleiche Komödie. Doch irgendetwas weckt meine Neugier. Die Territorien sind abgesteckt, Magnolia ist fortpflanzungsbereit, und drei schöne Böcke liegen einträchtig ein paar Meter voneinander im Gras, was absolut ungewöhnlich ist. Magnolia führt ihren ersten Verehrer Harry zum Tanz. Einige Stunden vergehen. Harry ist kurz vor dem Aufgeben. Da sehe ich, wie Bobois zu Magnolia trottet. Harry schert aus dem Hexenring aus, und nun folgt Bobois Magnolia. Harry legt sich wieder neben Chocotte, der sich daran gar nicht stört. Magnolia scheint diesen Trick nicht mitbekommen zu haben und dreht weiter ihre Runden um den Baumstumpf.

Geraume Zeit später wiederholt sich das Ganze, indem Bobois aus dem Kreis heraustritt und Chocotte seinen Platz einnimmt. Über diese Posse muss ich doch sehr schmunzeln. Ich bemerke schon, dass Magnolia allmählich müde wird und nicht weiß, wie sie aus dieser verzwickten Lage herauskommen soll. Ihr fehlt die Kraft, vor ihrem Verehrer davonzulaufen. Nun fügt sie sich in ihr Schicksal, bleibt stehen und stellt sich in Paarungsposition – gesenkter Kopf, angespannter Bauch und auch sonst versteifter Körper. Chocotte beginnt, er besteigt sie mehrfach, dann nimmt Bobois seinen Platz ein, und schließlich kommt Harry an die Reihe. Alle drei wiederholen das mehrfach und sind sichtlich zufrieden mit ihrem Bündnis. Magnolia hat sich dieses kleine Wechselspiel nicht ausgesucht, geschweige denn, dass sie im nächsten Jahr Kitze haben wird.

Nach all diesen Jahren bin ich stets von Neuem über die Anpassungsfähigkeit der Rehe überrascht, die immer wieder gegen die elementarsten Regeln der Natur verstoßen können, um ihre Ziele zu erreichen.

21

Térylle, die kleine Füchsin, grenzt seit dem Ende des Sommers ihr Revier ab – ein ziemlich weitläufiges, denn es umfasst sieben Quadratkilometer. Mit ihrem Begleiter, den ich Vulpes getauft habe, verteidigt sie es und vertreibt alle Eindringlinge. Schon im dritten Jahr ist sie mit demselben Männchen zusammen. Manchmal sehe ich die beiden gemeinsam jagen, aber meist ist Térylle allein, da sie lieber solo auf Beutefang geht. Sobald das Revier markiert und geschützt ist, vergrößert sie einen Kaninchenbau, um daraus ihren eigenen Unterschlupf zu machen, zu dem Vulpes allerdings keinen Zutritt hat.

Der Winter ist für Füchse die Jahreszeit der Fortpflanzung. In der relativen nächtlichen Stille des Waldes höre ich in der Ferne meine beiden Verliebten herumtoben, singen und heulen. Ein paar Stunden später begegne ich einer sehr fröhlichen Térylle, Vulpes' Ständchen hat sie sichtlich verführt. Einige Tage lang werden sie nun zusammenbleiben, miteinander spielen, sich in wilden Verfolgungsjagden erschöpfen, ohne auf ihre Umgebung oder potenzielle Gefahren zu achten. Verliebte eben!

Inzwischen ist April. Ich weiß, dass meine kleine Füchsin in ihrem Bau Junge bekommen hat. Vorher hat sie sich die weißen Haare am Bauch ausgerupft, um ihre Zitzen freizulegen, damit die Welpen herankommen. Nach einer Tragzeit von zweiundfünfzig Tagen kommen die kleinen Füchse zur Welt. Ich sehe sie nicht, aber ich kann sie hören.

Da die Fuchswelpen die mütterliche Wärme benötigen, muss Térylle zwei Wochen bei ihnen bleiben. In dieser Zeit ist sie vollkommen von Vulpes abhängig, der ihr eine beeindruckende Menge an Nahrung heranschafft. Für den Hausputz scheint der Fuchs allerdings weniger geeignet, denn vor dem Eingang zur Höhle türmt sich ein Haufen organischer Abfälle auf.

Nach vier Wochen haben nur zwei Junge die natürliche Auslese überlebt. Sie kommen das erste Mal aus dem Bau. Nun, da die Milchvorräte ihrer Mutter erschöpft sind, wird feste Nahrung (Feldmäuse, Spitzmäuse, Mistkäfer etc.) ihre einzige Ernährungsform. Die ziemlich abgemagerte Térylle bricht zur Jagd auf, während ihre zwei Jungen herumtoben. Sie sind sehr lebhaft, verspielt und äußerst neugierig. Wenn Térylle zurückkommt, hat sie Nahrung dabei, die sie manchmal vergräbt, um Vorräte anzulegen, danach kümmert sie sich ausgiebig um ihre Kleinen. Ununterbrochen leckt sie sie, denn je sauberer ihr Fell ist, umso besser sind sie gegen die Kälte geschützt. Manchmal liege ich zusammen mit Chévi im Unterholz, und wir beobachten sie, denn auch ihn macht dieses geschäftige Treiben neugierig. Die Welpen zeigen überhaupt keine Furcht und kommen beim Spielen ganz nah heran. Ihre Augen sind tiefblau, und ihr Gesicht färbt sich rot, je länger ihre kleine Schnauze wird.

Sechs Monate sind vergangen, und ich treffe inzwischen regelmäßig auf die beiden Fuchswelpen, die allein durch den Wald streifen. Sie sind entwöhnt und wirken schon sehr erwachsen. Der kleine Rüde wurde von seinen Eltern aus dem Revier verjagt, seine Schwester hatte sich kurz zuvor aus eigenem Antrieb davongemacht.

Magnolia, die durchtriebene Geiß, hat ein Kitz bekommen, das ich Cénèle genannt habe. Es ist ein kleines Weibchen, sehr temperamentvoll und neugierig. Ich kann nicht sagen, wer der Vater ist, die Zahl derjenigen, die dafür infrage kommen, ist schließlich groß. Magnolia lebt ziemlich weit von Térylles Zuhause entfernt und hat weder von ihr noch von Vulpes etwas zu befürchten. So sehe ich Cénèle aufwachsen wie viele andere Kitze vor ihr.

Eines Morgens, als sie knapp drei Monate alt ist, bemerke ich aus der Ferne, wie sie fiept. Ihre Stimme klingt jämmerlich. Sie rennt ziellos durch die Gegend. Ich komme näher und sehe einen prachtvollen Fuchs, bereit zur Jagd. Ein Männchen. Ich erkenne ihn, es ist der aus Térylles Wurf. Offensichtlich hat er sein Revier nicht weit von seinen Eltern gewählt, und nun hat er es auf eine meiner Rehfreundinnen abgesehen. Ich suche Magnolia, die jetzt eigentlich ihr Junges verteidigen sollte, aber sie ist nicht da. Ich nähere mich weiter an und sage mir, dass allein meine Anwesenheit den Räuber verjagen sollte, aber dem ist nicht so. Der junge Fuchs kennt mich gut und lässt sich in seinem Vorhaben nicht beirren, Cénèle als nächste Mahlzeit zu verspeisen.

Zum ersten Mal bin ich mit dem Dilemma von Leben und Tod konfrontiert. Soll ich Cénèle aus den Fängen eines Fressfeinds retten, oder soll ich das Gesetz der Natur in all seiner Grausamkeit akzeptieren? Ist nach all diesen Jahren mein Platz immer noch der eines einfachen Zuschauers, oder bin ich ein vollwertiger Bewohner im Reich des Waldes geworden?

Als ich näher komme, bemerke ich, dass Cénèle schon an der Kehle und den Hinterläufen schwer verletzt ist. Sie ruft nach ihrer Mutter, die nicht kommt. Was ist denn hier los? Magnolia müsste ihr doch zu Hilfe eilen! Jetzt springt der junge Fuchs Cénèle an, er beißt sie in den Unterleib, packt sie am Hals, um sie zu Fall zu bringen. Meine junge Rehfreundin wird nie mehr aufstehen. Ich könnte den Fuchs noch verscheuchen, der sein Opfer schwer verletzt hat. Aber wozu? Um Cénèle vor meinen Augen an ihren Verletzungen sterben zu sehen? Ich kann nichts mehr tun, ich bin zu spät gekommen. Und ich muss es akzeptieren. Bestürzt entferne ich mich lieber, damit ich nicht mit ansehen muss, was ich nicht ertragen kann.

Ich begreife nicht, warum Magnolia nicht dort ist. Geißen sind hingebungsvolle Mütter, weshalb mich das Verhalten überrascht. Als ich sie endlich finde, stößt sie klagende Fieplaute aus, ruft nach ihrer Tochter. Offensichtlich hat sie deren Fährte verloren. Sie ist eine noch eher junge Geiß ohne Erfahrung und ziemlich ungeschickt. Zudem plagt sie seit einiger Zeit eine Art allergischer Schnupfen, und das hat wohl ihren Geruchssinn beeinträchtigt. Sie streckt die ganze Zeit ihre Nase, die verstopft zu sein scheint, witternd in die Luft.

Cénèle war ihr einziges Kitz, und ich sehe die Verzweiflung in den Augen meiner Freundin. Mit kleinen Rufen und Fiepen fordere ich sie auf, mir zum Schauplatz des Unglücks zu folgen. Als wir dort ankommen, nehme ich ihren Schmerz wahr. Sie versteht, dass ihre Tochter tot ist. Sie sucht die Umgebung ab, findet den Fuchs und vertreibt ihn, aber es ist zu spät. Magnolia wird einige Wochen brauchen, um sich von diesem Schicksalsschlag zu erholen.

22

Fougère spaziert in einem Hochwald herum, sie knabbert Heidekraut und ein paar vereinzelte Weidentriebe, dann wendet sie sich der Lichtung zu, die uns eine Vielzahl von niedrig wachsenden Pflanzen bietet. Nach einigen Metern wird sie besonders von einer Neuanpflanzung angezogen. Auf dieser ehemaligen Kahlschlagzone konnten sich seit zwei Jahren die ersten Pionierbaumarten ansiedeln, wie Birke, Haselnuss, Esche, Weißdorn und noch andere holzige oder halb verholzte Arten. Meine Freundin erfreut sich an dieser natürlichen Verjüngung des Waldes, die eine unglaubliche Vielfalt von jungen Trieben bietet, manchmal schon mit zarten Blättern und saftigen Knospen.

Aber Fougère geht es nicht nur ums Fressen, sie sucht auch nach einem Versteck für ihre Kitze, denn ich sehe an ihren gerundeten Flanken, dass sie Junge erwartet. An einigen ganz bestimmten Stellen setzt sie Duftmarken, um ihren Aktionsraum abzustecken, den sie möglichst gut verteidigen wird. In diesem Gebiet wird sie ihre Jungen bekommen und aufziehen.

Chévi und Fougère haben einen ziemlich weitläufigen Lebensraum, etwa vierzig Hektar, wo sich ihr ganzes Leben abspielt. Die anderen Böcke und Geißen sind dort »geduldet«. Dieser Lebensraum bietet ihnen Garantie für ausreichend Nahrung, Verstecke sowie günstig gelegene und ruhige Orte, wo sie ungestört ausruhen können; das Ganze ist durchzogen von einem großartigen Netz an Wasserläufen. Chévi markiert sein Territorium sehr konsequent und verteidigt es eifersüchtig. Eine Art festen Bereich in ihrem Lebensraum, der sich selbstverständlich mit Fougères Aktionsraum überlappt.

Anfang Mai setzt Fougère mitten auf einer Wiese. Sie hat nur eine Tochter, die ich Pollen nenne. In den ersten Wochen lasse ich sie in Ruhe, meine Tage sind sowieso gut gefüllt damit, dass ich mit Chévi das Revier markiere. An einem Nachmittag besucht mein bester Freund Fougère und ihre Tochter. Unbekümmert marschiere ich hinter der Kleinfamilie her. Fougère vorneweg, gefolgt von Chévi und der Kleinen. Wir laufen durch eine in den Wald geschlagene Allee, auf der es warm ist, denn es handelt sich um eine Waldkiefernplantage. Nadelhölzer haben immerhin den Vorteil, dass sie Wärme speichern. Die strahlende Sonne wärmt uns, und wir suchen nach einem guten Plätzchen, wo wir uns ausruhen können.

Plötzlich lässt mich ein unangenehmes Zischen erstarren. Das Geräusch kommt vom Boden. Eine Schlange!

Ich wäre beinahe auf sie getreten, was sie wohl nur mittelprächtig gut fand. Sie hat in Verteidigungshaltung den Kopf halb erhoben und bewegt sich nicht. Auch ich rühre mich nicht, so wie es mich die Rehe gelehrt haben, das Bein noch erhoben, mitten im Lauf erstarrt. Die Schlange beruhigt sich aber nicht, und meine Rehfreunde entfernen sich immer weiter. Da kann ich noch so viel wie ein Kitz fiepen, um sie zu rufen und zu signalisieren, dass ich in Not bin – weder Pollen noch Chévi achten darauf, und Fougère scheint schon zu weit weg, um mich zu hören.

Zum Glück dreht sie sich noch einmal kurz um. Pollen ist ebenfalls stehen geblieben. Beide schauen mich an. Ich stoße weiter diesen typischen Fieplaut eines Kitzes aus, das Angst hat. Fougère kehrt um, läuft an Chévi vorbei und kommt auf mich zu. Als sie die Schlange sieht, senkt die Geiß den Kopf. Vorsichtig schleicht sie sich an und hebt dabei die Füße sehr hoch. Sie hat inzwischen die Schlange erreicht, die offensichtlich noch nichts davon mitbekommen hat. Fougère schiebt sich hinter sie, hebt einen Vorderlauf und tritt dann kräftig auf die Schlange, die daraufhin nur noch wegwill. Fougère verfolgt sie und tritt mehrmals nach ihrem Kopf. Das arme Tier schnellt immer wieder hoch wie ein Gummiball. Die Schlange ist inzwischen bestimmt tot, aber Fougère tritt weiter auf sie ein, bis sie ganz sicher ist, dass sie sie erledigt hat. Dann schaut sie nach Pollen, leckt ihr zärtlich mit der Zunge über den Kopf und setzt sich wieder an die Spitze unseres kleinen Zuges.

Puh, das war knapp! Chévi nähert sich neugierig der leblosen Schlange, schnuppert daran und sieht dabei immer wieder zu Fougère und danach auch zu mir, als wolle er von mir eine Bestätigung, dass er das alles richtig verstanden hat. Ich glaube, er hat seine Begleiterin noch nie so gewalttätig erlebt, aber Fougère hasst so wie alle Rehgeißen Schlangen, vor allem dann, wenn Kitze bei ihr sind. Ich bin sehr froh darüber, dass sie die Initiative ergriffen hat, auch wenn die Schlange in dem Moment wohl mehr Angst hatte als ich und bestimmt irgendwann von selbst verschwunden wäre. Nun gut, ich bin am Leben und erleichtert – vielen Dank, Fougère!

Chévi und Fougère genießen das Familienleben mit ihrer Tochter. Eines Morgens gegen Ende des Frühlings stört jedoch etwas Unerwartetes dieses Idyll. Dieses Unerwartete heißt Magalie, eine prächtige, sehr erfahrene Geiß und Mefs Schwester. Ich weiß nicht, warum sie ihren Aktionsraum, der vor dem Wald lag, verlassen hat, um sich in unser Gebiet zu begeben. Jedenfalls bemerke ich, dass Magalie sehr stark gerundete Flanken hat. Sie erwartet bald Junge. Wie Fougère hat sie bereits ein Kitz geboren, und da ihr Territorium schon markiert ist, nehme ich an, dass Magalie zum Setzen auf ihr eigenes Revier zurückkehren wird.

Doch dem ist nicht so. Magalie ist sehr territorial veranlagt, und auch wenn ihre Schönheit mein Herz in Wallung bringt, muss ich zugeben, dass sie doch einen ziemlich üblen Charakter hat! Als ich an einem Morgen mit

Fougère und Pollen einen Forstweg entlanglaufe, nähert sich uns Magalie. Fougère unternimmt nichts. Magalie kommt noch näher, schnuppert an mir und wendet sich dann Fougère zu. Chévis Begleiterin, die ein sehr geselliges Wesen hat, will Magalie ein paar Leckeinheiten zukommen lassen. Plötzlich fängt diese jedoch an zu bellen und stürmt entschlossen auf Fougère los. Fougère wehrt sich, bleibt stehen und versucht, den Spieß umzudrehen, aber Magalie, die wesentlich kräftiger als sie ist, gelingt es schließlich, sie in die Flucht zu schlagen.

Nach diesem langen Kampf stehe ich auf einmal allein mit Pollen da. Wir warten darauf, dass Fougère zurückkehrt, aber dann kommt Magalie zu uns. Pollen atmet verängstigt keuchend aus und verbirgt den Kopf zwischen ihren Vorderläufen. Sie ist wie versteinert. Magalie wirkt aber gar nicht aggressiv und beachtet Pollen nicht weiter. Wir warten eine kleine Ewigkeit, bis wir Fougère nach uns rufen hören, oder vielmehr ruft sie ihre Tochter. Pollen rennt geradewegs in die nächste Parzelle, um zu ihrer Mutter zu gelangen, während Magalie uns hinterhersieht. Fougère, die aus ihrem Revier verjagt wurde, wird nie mehr dorthin zurückkehren. Magalie setzt dort im hohen Gras ihr Kitz, wieder nur eines, ein kleines Weibchen, das ich Clara nenne.

Die Monate vergehen. Clara und Pollen werden Freunde. Magalie interessiert sich für mich wesentlich mehr als vorher, was ungewöhnlich für Rehgeißen ist. Normalerweise fällt es mir leichter, die psychischen Blockaden bei den Männchen zu überwinden, da ihr Testosteronspiegel deutlich höher ist. Dieses Hormon gibt ihnen mehr Selbstbewusstsein und das Gefühl, immer der Stärkere zu sein. Bei den Weibchen brauche ich doppelt so lange, da sie mehr beobachten und aufgrund ihres mütterlichen Instinkts länger im Beschützermodus bleiben, auch wenn sie keine Jungen haben. Sie machen sich mehr Gedanken und sind ängstlicher. Magalie ähnelt ihrem Bruder Mef überhaupt nicht. Sie kommt schnell näher, hat eine rasche Auffassungsgabe, und wir freunden uns schließlich an.

Magalie verbringt den Herbst mit Fougère, Chévi, mir und anderen Rehen, die zu uns stoßen: Laflaque, Bobois, Magnolia, Courage und Mef. Mit Pollen und Clara bilden wir eine gute Kleingruppe von elf Individuen, und wir nutzen unsere im Winter geschlossenen Freundschaften, um gemeinsam aufzubrechen und andere, noch unbekannte Gebiete zu erforschen. Obwohl Rehe sehr sesshafte Tiere sind, laufen wir etwa fünf Kilometer am Tag und entdecken neue Gebiete. Wir spielen auf Lichtungen und rennen, springen und rasen die gewaltigen Hügel direkt hinter dem Forsthaus hinab. Wir überwinden den Stacheldraht für eine Wiese mit fettem Gras und genießen einige Momente des puren Glücks.

Während meine Rehfreunde wiederkäuen, ruhe ich mich zwischen ihnen aus. Courage steht auf, um ein paar Blättchen zu zupfen. Plötzlich springt er mitten in der Wiese ein paarmal hoch und bleibt dann wieder stehen.

Jetzt hüpft er ein paarmal mindestens einen Meter hoch. Was ist denn in ihn gefahren? Gar nichts. Er spielt. Er tanzt, hält sich für einen großen Bock, bedroht einen kleinen Halm, der aus dem Feld herausragt, und dreht dann unglaubliche Pirouetten. Er ist von einem schwindelnden Glücksgefühl erfüllt, Lebensfreude pur.

Courage beruhigt sich ein wenig unter den amüsierten Blicken seiner Artgenossen, ehe er wieder so richtig loslegt. Er hüpft in die Luft und wackelt gleichzeitig mit dem Hintern, tritt mit den Füßen ins Leere aus, fällt zu Boden und richtet sich wieder auf. Das Spiel geht weiter, er wirbelt herum, richtet sein Geweih gegen einen imaginären Bock aus und rennt dann wie ein Wilder los, nur um gleich darauf wieder mit den Bocksprüngen weiterzumachen. Nach einer kleinen Ruhepause springt er wieder in die Luft, dreht sich um die eigene Achse und landet schließlich elegant mit gestreckten Beinen auf dem Boden. Alles fesselt seine Aufmerksamkeit, er amüsiert sich über jede Kleinigkeit und spielt so noch einige Minuten lang, ehe er zurückkommt und sich neben Magalie legt, als ob nichts gewesen wäre.

Wir kehren wieder ins Innere des Waldes zurück. Laflaque schaut mich blinzelnd an, und auch wenn sie sich daran gewöhnt hat, mich zu sehen, testet sie mich regelmäßig aus. Am Ende eines Nachmittags, sie liegt da, und alles um uns ist ruhig, sprintet sie plötzlich los, hält wieder an und beobachtet, wie die anderen reagieren, vor allem ich. Sie versucht, eine Art Autorität über die

Gruppe zu erlangen, aber das funktioniert nicht, weil es bei Rehen keinen Chef gibt. Außerdem vertraut ihr niemand, da sie etwas durchgeknallt ist. Manchmal zerstört sie die ruhige Stimmung der Gruppe. Und ständig ist sie damit beschäftigt, andere zu provozieren. Ich gebe zu, dass sie mich ab und an ganz schön nervt. Aber gleichzeitig ist sie total süß, und ihre Charakterstärke ist vielversprechend.

So als Teil der Gruppe merke ich gar nicht, wie der Winter vergeht, und schon steht der Frühling wieder vor der Tür, aber es ist noch kalt. Diese Jahre, die ich im Wald verbracht habe, machen sich allmählich bemerkbar. Die Muskelmüdigkeit aufgrund eingeschränkter Ernährung tritt schneller auf als früher. Es regnet leicht, ein eisiger Wind durchdringt alle meine Kleidungsschichten. Da ich in guter Gesellschaft bin und mich auf meine Rehfreunde verlassen kann, beschließe ich, ein paar Minuten zu schlafen. Ich suche vor dem Wind Schutz hinter einem großen Baum. Einige Schauer gehen nieder, aber ich achte nicht weiter darauf. Tatsächlich ist eine gewaltige Schlechtwetterfront im Anmarsch, und die Temperatur fällt. Ich döse schnell ein und verfalle in einen tiefen Schlaf. Meine Körpertemperatur sinkt.

Als ich aufwache, weiß ich weder, wo ich bin, noch, wer ich bin. Schlimmer noch, alle meine Gliedmaßen sind gelähmt. Ich kann nicht aufstehen. Chévi kommt zu mir und leckt mir das Gesicht, wie er es immer nach seiner Siesta macht. Seine kleine heiße Zunge, die mir immer wieder übers Gesicht fährt, weckt mich zumindest ein wenig auf und reißt mich schließlich aus meiner Starre. Endlich weiß ich wieder, wo ich bin. Ich schaue in die großen, glänzenden Augen meines Freundes, der Nase an Nase direkt vor mir steht. Ich versuche aufzustehen, aber ich bin wie am Boden festgenagelt. Meine Beine sind schwer, ich habe den Eindruck, dass sie keinem meiner Befehle gehorchen.

In einer letzten Anstrengung packe ich einen Ast und kann mich endlich daran aufrichten. Mein Herz schlägt sehr schnell in meiner Brust, mein Kopf ist schwer, und alles um mich herum dreht sich, mein ganzer Körper ist steif. Ich muss mich übergeben. Ich versuche, ein paar Schritte zu gehen, um mich aufzuwärmen, hole aus meiner Jackentasche eine Kerze, die ich nach ein paar Fehlversuchen mit Streichhölzern, die ständig zerbrechen, doch irgendwie anzünden kann, und stelle sie unter eine Handvoll trockenes Laub, das nur schwer Feuer fängt. Ich lege ein paar trockene Zweige darauf, die ich immer in meinem Rucksack für den Notfall bei mir habe.

Die Flammen lodern allmählich hoch, mir wird warm. Ich lege auf meine kleine Feuerstelle einen Holzscheit, den ich mit meinem Messer zerteile, damit das Feuer nicht ausgeht. Jetzt geht es schon besser, meine Lebensgeister erwachen wieder. Chévi und die anderen nähern sich dem Feuer, in das ich ständig Holz nachlege, und so verbringen wir den Abend zusammen. Ich mache mir Vorwürfe, dass ich es so weit habe kommen lassen.

Das hätte mich das Leben kosten können. Wenn man im Freien unter schwierigen Umständen lebt, kann man nicht allen Gefahren entgehen, aber eine gute Planung und Vorbereitung kann einem wirklich das Leben retten.

Dieser kleine Schrecken wirkt auf mich wie ein Elektroschock. So etwas ist mir nicht zum ersten Mal passiert, aber sonst hat das nie so lange gedauert. Ich will mein Leben bei meinen Rehfreunden verbringen, so intensiv, wie es jetzt ist, und es ist mir egal, falls es nur kurz währt. Aber wenn ich sie vor der Zerstörung dieser Welt, die immer mehr durchdreht, retten will, muss ich am Leben bleiben, um ihre Geschichte zu erzählen und ein großes Publikum für die Wirklichkeit des Lebens da draußen in der Wildnis zu sensibilisieren.

23

Um Rehe zu verstehen, muss man zuerst ihre Geschichte verstehen, die auf zum Teil tragische Weise mit der des Menschen verknüpft ist. In der Urzeit ist die Jagd Grundlage für die Menschen, für ihr Leben und ihr Überleben. Zunächst wird in den großen Grasebenen gejagt, aber der Klimawandel in dieser Periode und das schnelle Wachstum der Bäume verändern die Zusammensetzung der Jagdbeute. Hirsche, Wildschweine, Wölfe und Rehe profitieren davon. Die Tierpopulationen wachsen immer schneller an, und die Menschen jagen nicht mehr nur, um sich mit Nahrung, Kleidung oder Werkzeug einzudecken, sondern auch, um die aufkommende Landwirtschaft zu schützen.

Diese neue Aktivität bei den Menschen beeinflusst natürlich auch das Verhalten der Tiere, und so wird allmählich der Wald zum Zufluchtsort der gejagten Wesen. Allerdings finden archäologische Forschungen nur sehr wenig Anzeichen dafür, dass Rehe auf dem Speisezettel der damaligen Menschen standen. Vielleicht verursachten Rehe nicht so viele Schäden an den Anpflanzungen, dass man auf sie aufmerksam wurde. Oder diese Tiere waren auch durch ihre Intelligenz, ihr einzelgängerisches Wesen und ihre Fähigkeit, vor Gefahr zu fliehen, auf gewisse Weise unerreichbar für die Menschen damals. Man weiß es nicht.

Bis ins hohe Mittelalter hinein organisieren die Könige Jagden, um die Ernten vor Schäden durch Wildtiere zu schützen, auch die Bauern nehmen daran teil, als Treiber. Die Hetzjagd auf Hirsche ist eine gängige Praxis, während einigen Historikern zufolge die Jagd auf Rehe erst eine Erfindung des 20. Jahrhunderts ist. Doch schon bald wandeln Könige und Feudalherren die Jagd in einen »Freizeitsport« um und denken nicht mehr daran, die Bauern gegen den ständigen Wildverbiss auf ihren Feldern zu schützen. Eine Verordnung von 1396 verbietet den Bauern sogar das Jagen, selbst dann, wenn Wild Schäden auf ihren Feldern verursacht.

Die Jagd, deren oberstes Ziel einst das Beseitigen der Wildtiere war, entfernt sich mehr und mehr von den Interessen der Bauern und wird zu einem rein egoistischen Spaß am Töten. Franz I. von Frankreich, auch »Vater der Parforcejäger« genannt, beschützt die Tiere gegen die landwirtschaftlichen Interessen. So entsteht ein Riss in der Gesellschaft zwischen dem König und dem Volk, und das nur wegen des simplen Jagdvergnügens! Diese königliche Leidenschaft hat zwar den Vorteil, unsere schönsten Wälder zu erhalten, doch sie verändert nachhaltig deren Aussehen. Wege werden durchs Gelände geschlagen, um den Zugang in die Waldgebiete zu erleichtern. Sternförmig angelegte Straßen werden geschaffen, die von einem zentralen Punkt in mehrere Richtungen führen. 1764 wird eine äußerst genaue Karte mit dem Namen »Jagden des Königs« herausgegeben, um die unzähligen Wege aufzuzeichnen, die die Waldgebiete durchziehen, und um die Orientierung zu erleichtern. Ein wichtiger Schritt hin zur modernen Kartografie, wie wir sie heute kennen.

Wälder erlangen einen solchen Stellenwert, dass sie gewisse Schutzprivilegien genießen. Es kommt sogar zu neuen Aufforstungen. In meiner Region reglementieren und verbieten die Adligen der Normandie manchmal sogar, Landwirtschaft zu betreiben, damit der Wald sich ausdehnen und die Fauna darin sich besser entwickeln kann. Der Wald dient dem Menschen nicht mehr zur Holznutzung und auch nicht zur Ernährung, sondern nur noch dem puren Jagdvergnügen.

Unter den ersten Privilegien, die während der Französischen Revolution 1789 abgeschafft werden, findet man das Jagdrecht. Die gesellschaftliche Ordnung bricht zusammen, und damit ist auf einmal das Leben von Tausenden Wildtieren bedroht, darunter auch das von Rehen. Bis zu diesem Zeitpunkt durften nur Könige und der Adel jagen, und Rehe wurden nicht beachtet, wenn nicht gar komplett ignoriert. Ab dem 19. Jahrhundert wird das Reh schließlich zum Niederwild erklärt und unterliegt keinerlei Restriktionen mehr.

Das 20. Jahrhundert mit seinen zwei großen Kriegen fordert auch unter den Wildtieren große Todesopfer. Erst in den Sechzigern und als 1979 schließlich der Jagdplan mit Abschussgrenzen eingesetzt wird, können die Rehe etwas aufatmen. Die Art vermehrt sich, und ihr Bestand stabilisiert sich. Allerdings bringen die Aufforstungen nach dem Zweiten Weltkrieg, die ausgedehnten und in Reih und Glied angelegten monotonen Hochwälder, die Entwicklung von Winterpflanzungen, das Anfüttern in den Waldgebieten und alle zur damaligen Zeit unternommenen Maßnahmen zur Industrialisierung Frankreichs die Biotope der Rehe nachhaltig aus dem Gleichgewicht. Durch die Industrialisierung und die Mechanisierung der Landwirtschaft wird die Wildfauna nach und nach unvereinbar mit der Rentabilität von land- und forstwirtschaftlichen Aktivitäten. Die Rehe haben sich nicht verändert, seit der Mensch auf der Erde aufgetaucht ist. Dagegen haben die kulturellen Veränderungen der letzten Jahrhunderte, besonders der letzten Jahrzehnte, das Leben der Waldtiere stark beeinflusst.

Es ist noch gar nicht so lange her, da war der Wald ein ebenso guter Nahrungslieferant wie unsere Felder. Die Menschen des Neolithikums ernährten sich hauptsächlich von Eicheln. Auch im Mittelalter wurde die Eichel beim Volk reichlich verzehrt, man buk Pfannkuchen oder Brot daraus. Aus Eicheln brannte man Schnaps, oder man verwendete sie als Ersatzkaffee. Erst die Einführung der Kartoffel läutete das Ende der Eichel als Nahrungsmittel ein.

Andere Früchte wie Esskastanien, Haselnüsse, Walnüsse, Weißdornbeeren, Schlehen, Wildbirnen, Vogelkirschen und Vogelbeeren waren ebenfalls Teil der Nahrung des Volkes. In den Alpen wurde die Zirbelkiefer, ein harzreicher Baum mit großen Samen, von den Bauern genutzt, die sich damit für den Winter bevorrateten. Und das Unterholz dieser Waldgebiete bot ebenfalls eine Fülle an Nahrung, vielleicht sogar noch mehr als die Bäume. Erdbeeren, Himbeeren, Brombeeren und Preiselbeeren wurden vielfach gesammelt und gegessen. Pilze trugen den Ruhm unserer Wälder bis nach Rom. Farn diente einst zum Füllen von Matratzen. Buchenblätter, die man poetisch »Federn des Waldes« nannte, wurden zum Stopfen von »Strohsäcken« verwendet. Mit Blaubinsen wurde der Boden isoliert.

Der Wald liefert uns seit grauer Vorzeit Harze, Lacke, Gummi, Latex, Früchte, Holz etc. Darüber hinaus können wir durch diese kulturelle Bindung an den Wald die Nahrungsmenge in eben dem Wald »regulieren«, ohne wirklich bewusst einzugreifen. Zusammen mit der natürlichen Begrenzung durch Fressfeinde tragen wir zur Regulierung der Tierpopulationen bei. Schließlich hat mir gerade diese kulturelle Verbindung erst ermöglicht, mein Abenteuer so lange durchzuziehen. Das Problem besteht heute darin, dass man von der einfachen Abholzung zu einem System der intensiven und umweltzerstörerischen Holzwirtschaft übergegangen ist, das unter Missachtung aller kleinen Pflanzen, die die Größe und den Reichtum unserer Wälder ausmachen, ausschließlich profitorientiert arbeitet.

Wenn heute ein Reh zu oft an den Endknospen eines jungen Baums knabbert, der in einer mehr oder weniger nahen Zukunft für den Verkauf bestimmt ist, wird dieser in den Augen des Försters oder der Holzindustrie »verstümmelte« Baum unbrauchbar. Damit diese Plantage, die man immer noch »Wald« nennt, sich regeneriert, wird in die Installation von Schutzmaßnahmen wie beispielsweise Umzäunungen investiert, aber das sind sehr kostspielige Verfahren (etwa zwanzigtausend Euro für zehn Hektar).

Diese Umzäunungen, die oft auf Lichtungen oder kahl geschlagenen Parzellen errichtet werden, führen zu einem Verlust an Lebensraum und einer gehörigen Einbuße an Nahrung bei den Rehen, die dann gezwungen sind, in andere Waldgebiete umzuziehen, in denen sie natürlich wieder Nahrung suchen, sodass auch dort weitere teure Umzäunungen errichtet werden müssen. Es gibt auch Einzelschutzmaßnahmen für Jungpflanzen. Das sind Wuchshüllen aus Plastik oder kleine Gitter, die den Vorteil haben, dass die Tiere sich zwischen ihnen frei bewegen können. Aber diese Schutzhüllen kosten oft sogar mehr als die Pflanze selbst und lösen auch nicht das Nahrungsproblem der Rehe.

Der vom modernen Menschen kolonisierte Wald lässt anderen Arten, die dort ebenfalls leben, keinen Platz. Und doch könnte man so einfach lernen zu teilen, ich würde sogar sagen: Man könnte lernen zu geben, um zu empfangen. Wenn ich einen Weidenbaum ohne gewinnbringenden Nutzen neben eine Buche oder Fichte pflanze, dann werden die Rehe an der Weide knabbern, weil sie ihnen besser schmeckt. Wenn ich Brombeerbüsche in Waldgebieten »ohne Forstbewirtschaftung« wachsen lasse, schaffe ich ein Refugium und eine Schutzzone, sodass die Rehe gar keine Lust mehr haben nachzusehen, ob es woanders etwas Besseres gibt. Wenn ich auf den Lichtungen die Süßgräser nicht niedermähe, dann kommen die Rehe nicht mehr an die Straßenraine, um sie dort zu fressen, und so weiter.

Man sollte den Wald nicht als einen Industriestandort betrachten, sondern als ein Kapital, das Zinsen abwirft, die wir unbegrenzt nutzen können. In unseren »Baumplantagen« werden die Rehe nicht nur unserer schönen Augen wegen aufhören zu fressen. Sie interagieren mit dem Wald. Sie beuten ihn nicht aus, sondern pflegen ihn, sie ernähren sich von ihm und haben kein Interesse daran, diese natürliche lebenswichtige Ressource zu verschwenden. Man braucht auch gar nicht die ideale Tierdichte zu ermitteln, damit die Holzindustrie vor all diesen Wildtieren geschützt wird. Man muss kein biologisches Gleichgewicht durch Regulierung herstellen, das hat es nie gegeben und wird es auch nicht geben, da es variabel ist und seit Anbeginn der Zeit schwankt. Das Gleichgewicht hängt vom Klima, den Wetterbedingungen, dem Nahrungsangebot, den Fressfeinden und vielen anderen Faktoren ab.

Die moderne Industrie unseres Jahrhunderts führt Quoten ein und produziert Überschuss aufgrund einer Nachfrageprognose, die ebenfalls unsicher ist. Dieser Mechanismus kann weder in einem Waldgebiet noch in einem anderen natürlichen Umfeld funktionieren. Eine Obergrenze von zwanzig Rehen auf hundert Hektar einzuführen ergibt keinen Sinn bei Tieren, deren Leben sich jenseits von unseren Regeln des Marktes bewegt. So eine Zahl ist kein ausreichender Indikator, um ein Gleichgewicht zwischen Natur und Industrie herzustellen in einer Welt, die bereits durch den Klimawandel angegriffen ist. Die jährlich durchgeführten Zählungen stellen nur einen laufenden Durchschnitt der Population dar, aber auf keinen Fall einen absoluten Indikator.

Es kann kein Gleichgewicht geben, wenn man eine natürliche Umgebung zwingt, sich in eine Produktionsstätte zu verwandeln. Die Holzindustrie sollte sich an die Naturgesetze anpassen, ohne dass das Gleichgewicht zerstört wird. Man muss Unterholz im Wald zulassen, Ruhezonen schaffen, zurückschneiden, natürliche Lichtungen belassen, die natürliche Ansamung favorisieren, den Druck reduzieren, der durch die Jagd ausgeübt wird, und zulassen, dass die Rehe ihre Art selbst regulieren. Nein, der Mensch ist in diesem Prozess von keinerlei Nutzen, er ersetzt keine Fressfeinde und sollte an seinem Platz bleiben.

Wenn die Tiere unter dieser Industrialisierung des Waldes leiden, bemerken dann eigentlich Spaziergänger und ganz allgemein all die anderen Nutzer des Waldes das Ausmaß der Schäden, die man dieser natürlichen Umgebung antut? Eines Tages wird es zu spät sein, um noch etwas zu tun. Es ist an der Zeit, dass wir Verantwortung übernehmen. Es ist sinnlos, ans andere Ende der Welt zu gehen und zu filmen, wie dort der Urwald in Gefahr ist. Unsere Wälder sind von gleicher ökologischer Bedeutung und sterben auch gerade.

Ein kleiner Gedanke für den Wald:

Mensch,
Ich bin die Flamme deines Herdes in der Winternacht
Und im Hochsommer der kühle Schatten auf deinem Dach.
Ich bin das Bett deiner Träume, der Dachstuhl deines Hauses,
Der Tisch, auf den du dein Brot legst, der Mast deines Schiffs.
Ich bin der Griff deiner Hacke, die Tür deiner Hütte.
Ich bin das Holz deiner Wiege und das deines Sarges,
Der Rohstoff deiner Werke und der Schmuck deiner Welt.
Höre meine Bitte: Zerstöre mich nicht …

24

Clara wird älter, und Magalie versucht, ihr auf verschiedene Weise begreiflich zu machen, dass es für sie an der Zeit ist, ihr Leben allein zu führen. Aber Clara wirkt nicht so, als wolle sie das einsehen. Trotzdem hat Magalie für sie nebenan ein Territorium vorbereitet, auf dem sie in Sicherheit leben könnte. Nichts zu machen, die junge Geiß möchte nicht erwachsen werden und bleibt lieber bei ihrer Mutter. Magalie geduldet sich noch ein paar Tage, aber die Zeit drängt, denn sie erwartet wieder Junge. Und als sie merkt, dass ihre Tochter überhaupt nicht reagiert, verjagt sie sie schließlich von ihrem Territorium, wie sie es schon im letzten Jahr mit Fougère gemacht hat. Clara richtet sich nun in dem Nachbarrevier ein, wo sie ihrer Mutter, von der sie auch weiterhin beschützt wird, regelmäßig begegnet.

Einige Wochen später setzt Magalie am selben Platz, an dem Clara zur Welt kam, zwei Kitze. Ich nenne die beiden Liberté und Charlie (zu Ehren dieser Kinderbuchreihe, wo man Charlie – in Deutschland heißt er Walter – in einem Wimmelbild finden muss). Magalie hat mir Clara vorgestellt, als diese schon fast entwöhnt war, und erst von da an durfte ich hinter ihr herlaufen. Diesmal stellt sie mir ihre Jungen schon nach zwei Monaten vor. Ich fühle mich geschmeichelt. Es kommt mir so vor, als sei sie stolz darauf, sie mir zeigen zu können. Ich denke, ich habe in ihren Augen an Ansehen gewonnen, weil ich nicht um jeden Preis versuche, ihre Kitze zu treffen. Sie schätzt dieses Verhalten, da sie dadurch etwas zur Ruhe kommt.

Das Jahr verläuft ruhig, und im folgenden Frühling beginnt das gleiche Spiel von vorn. Die Jungtiere werden freundlich, aber bestimmt aufgefordert, ihre Mutter zu verlassen, um auf eigenen Beinen zu stehen. Liberté als junge Geiß erobert sich ein weiteres Nachbarrevier neben dem von Magalie. Clara darf ihr Territorium noch ein zweites Jahr nutzen. Charlie steht eine solche Gunst nicht zu, da er ein Männchen ist. Er muss sich also aufmachen, ein eigenes Territorium zu erobern, oder sich einen »Lehrer« suchen. Er findet Courage als Beschützer. Das bietet sich an, da sie den Winter zusammen verbracht haben und sich prächtig verstehen. Außerdem scheint Courage in Magalie verliebt zu sein.

Wenn die Forstwirtschaft das Territorium der Rehböcke und -geißen stark bedrängt, verringert sich die Fläche für ihre Lebensräume, und die Jungtiere können sich nicht mehr außerhalb ihrer Geburtsstätten ansiedeln. Sie passen sich an die Situation an, indem sie jeden Streit mit Nachbarn vermeiden. Sie führen dann eine symbiotische Mutter-Kind-Beziehung und richten sich direkt in deren Territorium ein. Diese erzwungene »Brutorttreue« führt zu Rehgruppen, die immer größer werden, in denen Geschwister aus dem Vorjahr oder lauter nahe Verwandte sich ständig begegnen. Das hat Folgen, denn die jeweiligen Lebensräume werden enger.

Der Frühling vergeht wie im Flug, und der Sommer, der darauf folgt, ist ebenfalls sehr schön. Courage gelingt es, Magalie den Hof zu machen, die bereitwillig die Avancen dieses jungen Verehrers annimmt. Zusammen werden sie zwei Kitze haben. Ein Männchen, dem ich den Namen Espoir gebe, und ein zauberhaftes Weibchen, das ich Prunelle nenne. In diesem Jahr wartet Magalie nicht lange ab. Sobald die Kitzflecken verblasst sind, stellt sie mir ihre wunderschönen Kleinen vor, von denen jedes meiner Schätzung nach anderthalb Kilo wiegt.

Mit dem größten Vergnügen folge ich ihnen bei ihren Ausflügen, und eines Tages bemerke ich, dass Magalie, als sie müde ist, mir ihre Kleinen zur Aufsicht überlässt! Im Allgemeinen entfernen sich Geißen nie mehr als zweihundert Meter von ihrem Nachwuchs. Aber Magalie ist eine gut organisierte Mutter. Da sie von der Geburt immer noch sehr erschöpft ist, hat sie mich zum offiziellen Kindermädchen ihrer Kleinen ernannt. Und während Madame ihrer Beschäftigung »Hohes-Gras-Fressen« nachgeht, stehe ich auf einmal mit zwei sehr lebhaften

Kitzen alleine da. Weil die Mutter nicht in der Nähe ist, hören die beiden nur sehr selten auf meine Belllaute. Sie laufen fiepend hin, wohin sie wollen. Espoir versucht, seine Schwester umzuwerfen, indem er sich mit seinem ganzen Gewicht auf sie stürzt. Manchmal fällt sie hin, und dann machen beide einen Riesenwirbel.

Zum Glück muss Magalie ein Dutzend Mal am Tag zurückkommen, um sie zu stillen. Sie kann ihre eigenen Energiereserven noch nicht auffüllen, sondern muss Prunelle und Espoir die Lebensenergie und alle Nährstoffe weitergeben, die sie aus der Natur bezieht. Auch aus diesem Grund ist es so wichtig, die Qualität, die Vielfalt und die Menge der Nahrungsressourcen im Wald zu erhalten. Es geht dabei schlicht und ergreifend um das Überleben der Kitze.

Auch die Niederschlagsmenge ist entscheidend, vor allem gegen Ende des Frühjahrs. Je mehr Wasser es gibt, desto mehr Nahrung steht zur Verfügung, desto nährstoffreicher ist die Muttermilch und desto besser der Gesundheitszustand der Kitze. Prunelle und ihr Bruder wachsen schnell und legen an Gewicht zu, je etwa hundertfünfzig Gramm pro Tag. Magalie muss daher täglich eine entsprechende Menge hochwertige Milch produzieren, damit ihre beiden insgesamt dreihundert Gramm pro Tag zulegen können. Da ich weiß, dass sie selbst nur fünfundzwanzig Kilo wiegt, ist das eine außergewöhnliche Leistung – der bedeutendste mütterliche Einsatz, den man heute unter Paarhufern kennt.

Unglücklicherweise können Rehgeißen, die in einer vom Menschen bewirtschafteten Waldplantage leben, in denen regelmäßig Kahlschläge durchgeführt werden, trotz dieser aufopferungsvollen Fürsorge ihren Kitzen Milch weder in der benötigten Menge noch Qualität geben. Nahrungspflanzen, wie die Gewöhnliche Goldnessel, werden seltener. Die Folge ist eine hohe Sterblichkeit unter den Jungtieren beiderlei Geschlechts innerhalb der ersten drei Monate, und traurigerweise ist festzustellen, dass den Kitzen auch später ein ähnliches Schicksal bestimmt sein kann. Eines von zweien stirbt, weil es geschwächt ist, oft an Unterkühlung in den frühen Morgenstunden, wenn die Temperaturen am niedrigsten sind. Und häufig überlebt auch das zweite Kitz eines Wurfes nicht.

Als meine beiden Schützlinge genug getrunken haben, sucht Magalie meine Nähe, und mir kommt der Gedanke, selbst einmal Rehmilch zu probieren. Ich streichle meine Rehfreundin sehr ausgiebig, dann versuche ich, mich wie ein Automechaniker unter sie zu schieben, um an das Gesäuge mit den vier Zitzen zu gelangen. Ich fahre sanft über eine Zitze, und dann fließt auch schon die Milch langsam heraus. Sie ist köstlich, vorausgesetzt, man mag Milch mit Geschmack. Sie schmeckt wie Dosenmilch, die man mit getrockneten Blüten und Artischocken aromatisiert hat. Ein überraschendes Erlebnis, aber gar nicht mal so übel! Außerdem ist Rehmilch deutlich nährstoffreicher als die Milch von Kühen oder Ziegen. Aber ich wollte bloß mal kosten und überlasse die Milch jetzt lieber wieder meinen kleinen Kitzen, die sie brauchen, um groß und stark zu werden.

Prunelle ist unglaublich intelligent, eine weibliche Ausgabe von Chévi. Ich denke, dass es wohl etwas mit den Genen von Courage zu tun haben muss. Ich unterscheide nach mehreren Familien, eine habe ich die Sipointes genannt, also die Familie von Sipointe, Chévi, Courage und Pollen, dann gibt es die Bordes, das ist die Familie von Mef, Magalie und Laflaque, die Cobourgs, die Vaulloines und so weiter. Jede von ihnen ist einzigartig und besitzt eine Art Familienlinie mit besonderen Charakteristika beim Geweihwachstum und bei der mehr oder weniger lang gezogenen Form des Mauls, mit einer mehr oder weniger intensiven Rotfärbung des Fells und mit den typischen Gesichtszügen der Familie. Durch die Kreuzung zwischen den Familien werden zuweilen Rehe von überraschender Schönheit und Intelligenz geboren. Ich bemerke, dass die Sipointes sehr dominante Gene besitzen. Sie bringen immer Typen hervor, die denen von Chévi oder seinem Vater ähneln, wie auch jetzt Prunelle. Das Gleiche gilt für die Bordes, die eher scheu sind und bei deren Männchen das Geweih v-förmig wächst, während bei den Sipointes die Stangen tendenziell gerade wachsen und sehr eng nebeneinanderstehen.

Ich habe viel Spaß mit Prunelle. Sie betrachtet mich ein wenig wie einen großen menschlichen Bruder. Ich bin kein Ersatz für ihren Zwillingsbruder, aber sie mag mich sehr. Magalie verschwindet, um sich zusammen mit ihrem Sohn in der Sonne auszuruhen, ich bleibe bei Prunelle, die anscheinend keine Lust hat, sich zu bewegen. Wir lassen das Mutter-Sohn-Gespann ziehen und bleiben einfach unter einem Baum liegen. Es ist angenehm hell, die Strahlen der Sommersonne dringen gefiltert durchs Blätterdach der Bäume. Prunelle liegt zehn Zentimeter von mir entfernt, wie gewohnt zusammengerollt mit der Schnauze auf ihrem Knie.

Plötzlich hören wir ein schreckliches Rascheln über uns, und ein Schatten kommt rasch näher: ein Bussard, der auf uns herunterstößt! Seine Krallen reißen mir buchstäblich einen Arm und ein Bein auf! Ich fasse es nicht! Der Raubvogel wirkt überrascht und verwirrt, als hätte er nicht erwartet, hier unten auf mich zu treffen. Als er Prunelle dort schlafend entdeckt hatte, dachte er wohl, er könne doch mal dieses Kitz jagen. Tja, Pech für ihn, ich bin auch noch da, und mich hatte er eindeutig nicht gesehen.

Irgendwie habe ich Prunelle vor einem tragischen Ende bewahrt. Kreischend fliegt der Räuber davon. Prunelle zittert noch vor Angst und rennt zu ihrer Mutter, die sich nicht weit entfernt hat. Mein Arm blutet, und tiefe Kratzer zieren meine Wade. Magalie sieht, wie wir erschrocken zu ihr laufen. Sie eilt Prunelle entgegen, leckt ihr übers Fell, tauscht tröstende Fieplaute aus, und allmählich beruhigt sich Prunelle. Und auch meine Aufregung legt sich. Ich lasse etwas Wasser aus meiner Trinkflasche über die Wunden rinnen, um sie ein wenig zu säubern. Magalie kommt zu mir, schnuppert an mir und leckt dann über die betroffenen Stellen. Schließlich kehren wir alle zusammen in den Schutz des Dickichts zurück, um diesen aufregenden Tag zu beenden.

Sommer und Herbst vergehen ohne Zwischenfälle, und trotz meiner permanenten Erschöpfung sehe ich dem Winter, der vor der Tür steht, mit Optimismus entgegen. Doch noch haben die Überraschungen für mich kein Ende. Wir nähern uns der Wintersonnenwende. Die Nächte sind extrem lang. Chévi, Fougère und Pollen wechseln das Territorium. Sie verlassen den Buchenwald und machen sich auf in ein Waldstück mit Kiefernbestand, in dem gerade Bäume abgeholzt werden. Dort werden sie im nächsten Frühling zarte Nadeln und Knospen finden. Prunelle und ihr Bruder gelten noch als Kitze, während Pollen bereits ein schöner Jährling ist.

Ich wechsle immer wieder zwischen den beiden Revieren hin und her, obwohl sie relativ weit voneinander entfernt liegen. Es wird klirrend kalt, und das Wetter verschlechtert sich. Dennoch habe ich eines Abends ein schönes Naturerlebnis, das Balsam für meine Seele ist. Es regnet leicht, aber das ist nichts im Vergleich zu anderen Regengüssen, die ich bereits mitgemacht habe. Courage stößt zu uns, das sind Magalie, Prunelle, Espoir und ich. Ich döse etwas ein. Prunelle legt sich genau vor mich hin. Als ich die Augen wieder öffne, schneit es. Es schneit sogar sehr stark, und Prunelle ist von einer dünnen Schneeschicht wie überzuckert. Kein Geräusch ist in der Weite des Waldes zu hören. Nur ein leichtes Knistern, wenn die Schneekristalle auf dem Boden aufkommen.

Ich stehe auf, um schnellstmöglich die Flocken loszuwerden, die bereits meinen Pullover durchfeuchten. Immer noch eingerollt, leckt Prunelle sich frei von diesem weißen Puder und versucht manchmal, an einer Schneeflocke zu schnuppern, wenn sie vor ihr zu Boden fällt. Es schneit die ganze Nacht hindurch ununterbrochen. Am frühen Morgen kehrt der Frost zurück. Die Schneedecke ist noch nicht allzu dicht, und wir haben noch keine Probleme, etwas zu essen zu finden. Es wird ein wunderschöner sonniger Tag, und ich nutze die Gelegenheit, unter den wärmenden Sonnenstrahlen auf ein paar Kiefernzweigen zu schlafen.

Dann wird es Nacht, und der Himmel zieht wieder zu. Einige Schneeflocken wirbeln durch die Luft, es wird noch kälter, und in der Nacht schneit es dann richtig viel. Ein eisiger Ostwind kühlt mich schlagartig aus. Der Schnee wird zu Eis. Am frühen Morgen hat sich der Wald in eine Eisbahn verwandelt. Durch die übereinanderliegenden Schichten von Schnee und Eis kommt man auf diesem Gelände nur noch schwer vorwärts. Magalie und Prunelle fallen öfter beinahe hin, mir geht es nicht anders. Die Brombeerblätter sind komplett gefroren. Die Geißen scharren den Boden von Schnee und Blättern frei, legen sich dann in die so geschaffene Höhlung und ruhen sich lange aus.

Wenn die Wetterbedingungen extrem feindlich werden, können die Rehe ihren Stoffwechsel verlangsamen. Prunelle bleibt daher fast den ganzen Tag lang reglos vor mir liegen und schränkt jede Aktivität deutlich ein. Dieses Verhalten erklärt sich durch die Fähigkeit der Rehe, die aufnehmende Oberfläche ihres Pansens zu reduzieren, so können sie länger andauernde schwierige Wetterereignisse überstehen, ohne das Bedürfnis zu verspüren, etwas zu fressen oder den Standort zu wechseln, und ohne zu viel Gewicht zu verlieren. Eine Art Superpower, die ich leider nicht habe.

Ich ähnle eher einem rosaroten Flamingo, denn ich hebe mal das eine, mal das andere Bein, um es auszuschütteln. Das Einzige, was ich gerade tun kann, ist, von einem Revier zum nächsten zu streifen und nachzusehen, ob dort alles in Ordnung ist. Aber das ist natürlich anstrengend. Daher fahre auch ich meine Aktivitäten herunter, mache ein Feuer, um heißes Wasser zu trinken und mich aufzuwärmen. Ich kann nichts anderes tun, als geduldig zu warten, bis die Kälte vorbei ist. Hunger plagt mich, aber daran darf man einfach nicht denken. Ich bewundere die außergewöhnliche Widerstandskraft der Kitze. Sie wirken so zartgliedrig und zerbrechlich, aber sie beklagen sich nie. Ein gutes Beispiel, dem ich folgen sollte.

Die Kältefront zieht irgendwann weiter, und zusammen mit den milderen Temperaturen kommen Wind und Regen zurück. Das Leben nimmt wieder seinen gewohnten Gang auf. Dieses unliebsame Wetterereignis bringt mich erneut dazu, darüber nachzudenken, wie und wann mein Abenteuer enden soll. Ich bin hin- und hergerissen zwischen dem Leben in der freien Natur mit den Rehen, die ich so liebe, aber unter Bedingungen, die mich allmählich zugrunde richten, und der Notwendigkeit, mich wieder unter Menschen zu begeben, um zu überleben und die Geschichte meiner Freunde zu erzählen.

25

Ich bin müde und erschöpft. Meine Kräfte lassen nach, das spüre ich tief in meinem Inneren. Die Kälte, der Schnee und der Frost des letzten Winters haben mir sehr zugesetzt. Ich habe Schwierigkeiten, die Nahrung zu finden, die mir die Lebensenergie von früher zurückgeben würde. Mein Territorium ist ausgeblutet. Es gibt keine Blätter mehr, keine Süßgräser. Alles wurde abgeschlagen, die Vogelkirschen, die Taub- und Brennnesseln. Die Lichtung wurde im Sommer in ein Maisfeld umgewandelt. Ich muss nun kilometerweit laufen, um etwas zu essen zu finden.

Noch schlimmer trifft mich, dass zu beiden Seiten des »Königswegs« alles kahl geschlagen wurde. Vorher gab es dort Birken, Vogelkirschen, Eschen, Weißbuchen; sie bildeten einen Sichtschutz, hinter dem man am Weg entlanglaufen konnte, ohne selbst gesehen zu werden. Heute ist dieser Sichtschutz verschwunden, und man kann zweihundertfünfzig Meter weit in den Wald hineinsehen.

Ich denke mehr und mehr darüber nach, dieses Abenteuer zu beenden. Nicht etwa, weil ich meine Freunde verlassen möchte, ich würde lieber im Wald an ihrer Seite sterben als in der Welt der Menschen. Ich kenne durchaus einige Stellen, wo niemand je meine Leiche finden würde. Aber ich denke vor allem an das, was meine Freunde jeden Tag angesichts ihres schwindenden Lebensraums durchmachen, und ich denke, es wäre für sie wie auch für mich besser, dass ich erzähle, was man als Wildtier dort erleidet. Ohne anmaßend zu wirken, könnte ich in gewisser Weise zu ihrem Sprachrohr werden.

Daguet ist älter geworden, und wir verbringen diesen frühen Sommermorgen mit Schlafen, um neue Kraft zu schöpfen. So vergehen einige Stunden, die Sonne geht auf, und Daguet möchte einen stark frequentierten Waldweg überqueren. Sein Revier wurde dieses Jahr beschnitten, weil die jungen Böcke der letzten Jahrgänge stärker geworden sind und Daguet mit seinen alten Knochen da nicht mehr mithalten kann. Der etwas wilde Wuchs seines Geweihs erinnert mich an die von Arthrose verkrümmten Finger alter Menschen. Seine einstige Größe schwindet, und die junge Generation betrachtet ihn inzwischen als einen zeternden alten Sack.

Er erhebt sich, reinigt sich kurz, knabbert ein paar Blätter in seiner Nähe und läuft dann zum Weg. Er hält sich ein wenig bei den Brombeerbüschen am Wegrand auf. Wenig später kommen die ersten morgendlichen Spaziergänger. Daguet hebt den Kopf, betrachtet sie und kehrt dann mit angespanntem Hals ins Unterholz zurück, wo wir uns vorher aufgehalten haben. Die Spaziergänger laufen vorbei. Wir bleiben noch eine Weile stehen, dann legt Daguet sich hin, um wiederzukäuen.

Nach einer langen Ruhepause erhebt er sich erneut, schüttelt sich und geht dann wieder Richtung Waldweg. Gerade, als er ihn überqueren will, kommt ein Radfahrer den steinigen Weg entlanggeprescht. Wieder findet sich Daguet damit ab, lieber im Waldesinneren ein paar Blüten zu zupfen. Die Zeit vergeht, er versucht erneut sein Glück, läuft vorsichtig zum Weg zurück, aber genau in dem Moment, wo er ihn schließlich überqueren will, rasen drei Motocrossfahrer vorbei. Dieses Mal flüchtet Daguet mit hohen Sprüngen ins Innere des Dickichts, klettert einen kleinen, steilen Pfad nach oben und sieht von dort den Motorrädern hinterher.

Ein Schritt vor, drei Schritte zurück, so geht das die ganze Zeit. Jedes Mal, wenn wir auf die andere Seite dieses verfluchten Wegs wollen, stören uns Spaziergänger, Autos, Touristengruppen oder Jogger und hindern den armen Daguet daran, sein Territorium weiter zu markieren.

Der Tag geht zu Ende, es sind kaum noch Menschen unterwegs. Wir kehren zum Weg zurück, und jetzt scheint wieder Ruhe zu herrschen. Die Sonne geht gleich unter, Daguet beruhigt sich und nutzt die Zeit, um hier und da ein paar Blättchen zu zupfen, als ich in der Ferne jemanden erkenne, der mit seinem Tier spazieren geht.

Daguet sieht die beiden ebenfalls und zieht sich wieder zurück. Ach, jetzt reicht es mir wirklich! Zum ersten Mal, seit ich mich dazu entschlossen habe, in totaler Abgeschiedenheit im Wald zu leben, beschließe ich, diesem Spaziergänger entgegenzugehen.

26

»Bonsoir …«

»Bonsoir, Monsieur.«

Der Spaziergänger ist eine Spaziergängerin. Sie trägt eine Jeans, eine schneeweiße Jacke und eine Brille mit Metallrahmen. Ich betrachte ihren kleinen Pyrenäenschäferhund und habe Angst, dass er Daguets Geruch an mir wittert. Falls er aggressiv würde, könnte mir die Situation entgleiten, und ich bin nicht sicher, ob ich wüsste, wie ich darauf reagieren sollte. Ich gebe mich umgänglich, zumindest versuche ich, mich so zu verhalten, wie ich dies in Erinnerung habe.

»Ich muss Sie warnen, da weiter vorn treibt sich ein großes Wildschwein herum. Zu Ihrer eigenen Sicherheit und zu der Ihres Hundes sollten Sie besser umdrehen.«

»Oh, vielen Dank! Sie haben recht. Kennen Sie diesen Wald gut?«

»Ja, ich bin Tierfotograf.«

Wir kommen über Tiere und die Schönheit des Waldes ins Gespräch, während wir zu ihrem Auto zurückgehen, das auf dem Parkplatz vor dem Wald am Ortsrand abgestellt ist. Sie erklärt mir, dass hier bald an der Straße gebaut werden wird. Dass die Arbeiten demnächst losgehen werden und dass der Wald bestimmt darunter leiden wird. Sie wirkt sehr naturverbunden, und ich weiß auch nicht, warum, aber ich fange auf einmal an, von meinen Rehfreunden zu erzählen.

»Das ist ja spannend! Sie sollten eine Ausstellung mit Ihren Fotos machen, damit man mehr über das Leben der Rehe erfährt!«

Ein merkwürdiges Gefühl überkommt mich. Ein Gefühl, wie ich es noch nie zuvor empfunden habe. Diese Frau, die die Tiere und die Natur liebt, berührt mich. Sie wirkt so, als würde sie sich ernsthaft für den Schutz meiner Freunde interessieren. Als wir uns verabschieden, ist es schon dunkel. Ich kehre zu Daguet zurück, dem es schließlich doch noch gelungen ist, den Waldweg zu überqueren. Das Gesicht dieser Frau lässt mich nicht mehr los, ich muss häufig an sie denken. Und auch die Erinnerung an ihren Geruch wird mich nie mehr verlassen.

Einige Monate später habe ich wieder Kontakt zur Zivilisation aufgenommen, ich organisiere meine erste Fotoausstellung in Les Damps, einer kleinen Gemeinde bei Louviers. Eine Menge Leute kommen, um meine Fotos zu sehen, aber auch, um diesen merkwürdigen

Menschen kennenzulernen, der jahrelang nicht weit von ihnen unter Wildtieren gelebt und der die Spaziergänger erschreckt hat. Wenn ich mit den Leuten rede, gehen all meine Sinne in Alarmbereitschaft. In ihrem Geruch erkenne ich Furcht, Aufregung, Angst oder Misstrauen. Es ist sehr hart für mich, Auslöser für all diese Ängste zu sein, die ich schon seit Jahren nicht mehr kenne.

Während ich mich mit jemandem unterhalte, entdecke ich ein paar Meter von mir entfernt vor einem der schönsten Porträts von Chévi die Person, die mich vor einigen Monaten so nachhaltig beeindruckt hat. Sie lächelt mich an und kommt näher.

»Das waren Sie damals im Wald?«

»Ja, das war ich. Wie geht es Ihnen?«

In dem Moment ist mir klar, dass ich bei meinem Abenteuer von nun an nicht mehr allein sein werde. Und dass sie als Einzige meine Freunde kennenlernen wird. Am 31. Dezember stelle ich ihr Magalie, Prunelle, Espoir und Mef schließlich vor. Seitdem sind wir zumindest schon zwei Menschen, die die außergewöhnliche Welt der Rehe kennenlernen durften.

Epilog

Der Wald ist ein wesentlicher Bestandteil sowohl der Welt der Rehe als auch der Welt der Menschen. Er ist Nahrungsgeber und Schutzraum, und wenn jeder von uns verlässlich über ihn wacht, wird das auch noch lange so bleiben. Der Wald schützt uns vor der eisigen Kälte des Winters, lindert die sengende Sommerhitze, fängt die Sturmgewalt der Winde ab und verhindert das Vordringen von Wüsten. Der Wald ist fruchtbar, er gibt uns Nahrung und Heilmittel. Ohne ihn wären unsere Landschaften trostlos, und das Leben wäre auf totale Stille reduziert. Es ist der Wald, der unsere Luft reinigt, damit wir Sauerstoff zum Atmen haben, aber nicht nur wir, alle Lebewesen brauchen ihn. Ohne den Wald gäbe es keine Fauna mehr, deshalb sollten wir den Tieren, die dort leben, mit Respekt begegnen und nie aus Egoismus vergessen, was wir ihm schulden. Leben mit Rehen bedeutet, mit dem Wald zu leben. Und im Lauf meines Abenteuers habe ich viel über unsere so kurze Geschichte innerhalb der großen Geschichte der Natur gelernt. Der Mensch tauchte immerhin erst vor knapp einer Million Jahren auf der Erde auf!

Wer hat noch nie hinter einer Wegbiegung plötzlich ein Reh entdeckt? Meist sieht man sie nur einen kurzen Moment, aber da unsere Städte sich immer weiter ausdehnen, haben die meisten von uns in den Stadtrandgebieten Gelegenheit, regelmäßig diesen wunderbaren Tieren zu begegnen. Doch ihnen zu begegnen heißt nicht, sie zu kennen. In dem Maße, wie wir Menschen den Wald durch die Forstwirtschaft industrialisieren, greifen wir in das Leben der Rehe ein, bis hin zu ihrem Sozialleben.

Jeder, der sich für das Leben der Tiere interessiert, muss begreifen, was ein Wald ist. Angesichts der aktuellen Probleme von Wirtschaft und Industrie hoffe ich, dass dieser neue Blick auf die Rehe, der auf einem gemeinsam verbrachten Leben basiert, den Weg zu einer besseren Integration des Menschen in seine Umwelt öffnet.

Ernst Wiechert beschreibt dies in seinem Roman »Die Majorin« treffend:

> *Der Wald ist nur so lange ein ruhiges und zuverlässiges Haus, als das Gesetz von Ursache und Wirkung in ihm erkennbar ist. Und er wird erst ein bedrohlicher Aufenthalt, wenn dieses Gesetz nicht zu finden ist, wenn das Gesetzlose in der Welt der Bäume zu herrschen scheint.*